Introduction to Optics

光学入門

青木貞雄 著

共立出版

|JCOPY| ＜出版者著作権管理機構委託出版物＞
本書の無断複製は著作権法上での例外を除き禁じられています．複製される場合は，そのつど事前に，
出版者著作権管理機構（ＴＥＬ：03-5244-5088，ＦＡＸ：03-5244-5089，e-mail：info@jcopy.or.jp）の
許諾を得てください．

本シリーズの
刊行にあたって

　物理学は，自然現象の中に潜む単純な原理を探って，それによって理解を広げてゆくことをめざす学問である．そのため，他の自然科学や先端技術を支える基礎的な学問になっている．

　自然科学や技術開発に携わろうとする人々にとって物理学は必修の学問である．多くの学問が物理学の成果をその土台の一部に持っているだけでなく，物理学的なものの見方や自然へのアプローチが自然科学のひとつの見本ともなっているからである．

　残念なことに昨今，物理学は難しいという声を聞く．しかし，基本事項を正しく理解して，順に応用範囲を広げていけば次第にわかるようになり面白くなってくる．

　本シリーズでは，現代の自然科学や科学技術の基礎を支えている物理学の基本事項をやさしく解説する．特に，基本概念の理解や考え方の説明に重点を置く．物理学が数学を使って自然を理解する学問であるため，難しいという印象を与えるようである．そこで，数学で書かれた法則と，数学的方法を手段としてそれを発展させる部分の混同を避けるために，物理学の部分と数学の部分がよく分かれているように記述を工夫する．項目は厳選し，どのような学習をすれば，自然界を深く認識できるのかを伝えられるように工夫する．さらに，本質をつく例題・演習問題を付けるようにした．

本シリーズの刊行にあたって

全体を10巻のシリーズとして，物理学研究の第一線で活躍されながら，教育にも力を注いでおられる方々に執筆をお願いした．構成は以下の通りである．

物理学入門	光学入門
力学入門	統計物理学入門
電磁気学入門	量子論入門
熱力学入門	物性論入門
振動・波動入門	相対論入門

本シリーズが21世紀の我が国の自然科学，先端技術をになう若い読者に歓迎されることを願ってやまない．

なお，本シリーズは，共立出版(株)編集部の古川昭政氏の強いご意思によって生まれたものであるが，氏はその発刊を待たずに他界された．氏のご尽力に感謝しご冥福を祈りたい．

東京大学大学院総合文化研究科教授

兵　頭　俊　夫

はじめに

　人間の五感のひとつである眼の働きは古くから研究され，その巧妙な仕組みの解明は多くの成果をもたらしている．光学という学問分野が比較的なじみやすいのは，光が眼に見え，具体的な物のかたちの認識が容易に行えるところからきているのかもしれない．望遠鏡や顕微鏡が発明され様々な分野で広く使われてきたが，その便利さや親しみやすさは，豊富な画像情報がわれわれの感覚に直接訴えるからであろう．最近のコンピューターの発達は，画像を面白おかしく表現して情報を提供してくれる．

　光が波の一種であることはよく知られている．図1に示すように光（可視光）は比較的波長の短い電磁波の一種で光波と呼ばれている．目に見える可視光の範囲は，人によって若干異なるがおよそ400〜800nm（1nm $= 10^{-6}$mm）の狭い波長域である．目に見えると書いたが，個々の光の細かい波が見えるわけではなく，明るさや色が目に感じられるということである．われわれが目にする日常的な物の大きさは，おおよそ1mm以上のものであるから，光の波長がこれらに比べて3桁以上も小さいことがわかる．同じ電磁波の仲間でも通信に使う電波は可視光に比べて数桁以上長く，医療で使われるX線は逆に数桁以上短い波長である．

　自然を理解するための補助手段として発達してきた様々な光学機器も，レーザーの発明以降，情報処理や通信手段のキーテクノロジーとしての役割を担

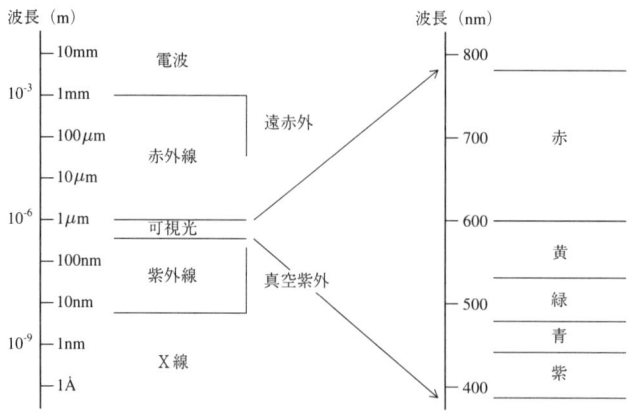

図1　電磁波の波長域と呼び名

うようになってきた．これまでは自然科学の基礎的な学問分野として，光学が一部の研究者や技術者によって支えられてきた．光のもつ「精密性」・「高速性」・「多重性」等の諸性質は，21世紀の産業技術に求められる必須の要件を満たしている．光学現象はマクロに見ると理論に実によく合い，計測手段としては非常に頼りになる味方である．一方，量子力学的なミクロな世界には，まだまだ理解しにくい現象もある．

　自然界やわれわれの身の回りで起こる光学的な現象の理解は，新しい光学技術の発展につながる．古代人は葉っぱについた水滴を見て球形のレンズを思いついたに違いない．あるいは水晶の屈折からプリズムを想像したかもしれない．水面の反射も鏡を思いつくきっかけになったであろう．しかしながら，実用的な光学素子や光学機器が生まれるまでには，高度な加工技術や組み立て技術が必要とされ，長い年月を要した．今日，われわれが日常的に利用しているカメラやコピー機も高性能レンズの製作が可能になってはじめて実用化した．最近では，半導体メモリー製造用露光装置（ステッパー）やコンパクトデスク（CD）などのように，光の波長限界に近い性能の光学機器も生まれている．光を利用した測長機や形状計測機器もレーザーの発明によって飛躍的な発展を示した．このような機器の製作や利用には，光の基本的性質を深く理解する必要がある．

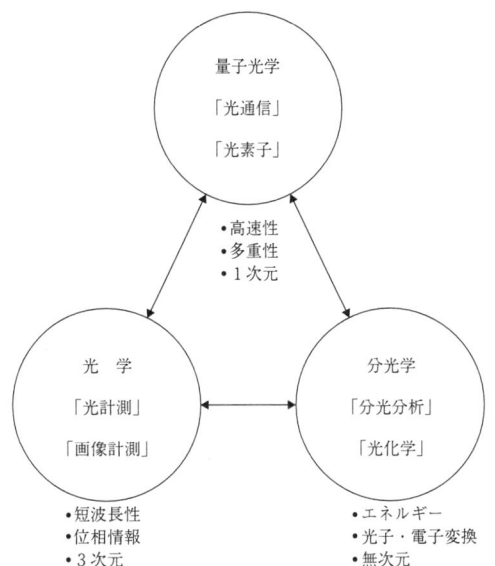

図2 「光科学」の主な学問分野と利用する光の特性

図2には，光科学の大きな柱である3つの学問分野「光学」,「分光学」,「量子光学」の関係とそれぞれの特徴を示した．歴史的には「光学」の発展が先行し，続いて「分光学」，さらに「量子光学」が現れたが，これらの分野は現在も深く関係しあい発展を続けている．「光学」の基本的な考え方は，「分光学」や「量子光学」の基礎をなすものであり，より深い理解に重要な役割を果たしている．

本書は，なるべく多くの学生が光学になじみ，日常的に光学技術に接することを念頭においてまとめた．どの学問でも「勘所」と言うものがあるが，そのポイントとして「光学的なものの考え方」と「光学技術のセンス」をなるべく理解しやすいかたちで表現した．

全体の構成は光学の基本である「幾何光学」と「波動光学」を柱とした．幾何光学が単なる公式の羅列にならないように，波動光学的な考え方を十分考慮して解説した．光の回折と干渉は波動の基本的な性質であり，光以外の波動に対しても，その理論が一般に適用できるので，数学的にも原理的なとこ

ろから出発して解説した．全般に，計算を含めなるべくていねいな説明を心掛けたが，これは読者が自分自身で手を動かしながらじっくり考え，理解を確実にするために有効と思われる．

　数学的な基礎は大学初年級で十分なように配慮したが，必要に応じて要点を「付録」として解説を加えた．各セッションごとに簡単な演習問題を付けたが，これは基本的な概念の理解を深めることや計算上のポイントを押さえるのに役立つので，できるだけ答えるように心掛けて欲しい．解答もなるべくていねいに解説した．それぞれの問題を確実に解くことによって理解が深まり，応用力が身につくと確信する．

　末尾に本書の執筆に当たって参考にした代表的な文献を上げておく．より詳しい具体例や計算式が豊富に載っているので，一読されることを勧める．

　本書の出版にあたり，本シリーズの編者である兵頭俊夫東京大学大学院教授には，執筆に際して有益な助言とていねいな査読をいただき心より感謝したい．加えて，共立出版の赤城圭氏には，原稿・図版等のアドバイスを通して長期間力強いご支援をいただき，無事にまとめることができたことを記してお礼を申し上げたい．

　2002 年　初冬

青木　貞雄

目　次

第1章 光の数学的表現　　1
- 1.1 波の伝播 1
- 1.2 正弦波としての光の伝播 3
- 1.3 光波の複素数表示と強度 5
- 1.4 光波の重ね合わせ 7
- 1.5 平面波の一般的な表現 9
- 1.6 球面波と円筒波 11
- 1.7 電気双極子放射 12

第2章 光の基本的な性質　　15
- 2.1 光線の定義 15
- 2.2 光の直進性と光路の可逆(相反)性 16
- 2.3 反射の法則 17
- 2.4 屈折の法則 20
- 2.5 屈折率と光学的距離(光路長) 23
- 2.6 全反射と光ファイバー 25
- 2.7 プリズムと最小偏角 27
- 2.8 屈折率と分散 30

2.9 反射率と透過率(フレネルの公式)............................. 32

第3章 幾何光学による結像　41

3.1 球面による屈折.. 41
3.2 薄レンズの結像式.. 46
3.3 薄レンズの組み合わせ..................................... 50
3.4 球面による反射.. 53
3.5 球面鏡の組み合わせ光学系(反射望遠鏡)................... 56
3.6 代表的なレンズ系.. 58
3.7 レンズの収差(ザイデルの5収差)............................ 64
3.8 色収差... 72

第4章 光の干渉　75

4.1 光の干渉性(コヒーレンス)................................. 75
4.2 平面波同士の干渉.. 78
4.3 2つの平面波が平行でない場合.............................. 82
4.4 平面波と球面波の干渉..................................... 84
4.5 薄膜の干渉(1)(等傾角の干渉縞)........................... 87
4.6 薄膜の干渉(2)(等厚の干渉縞)............................. 89
4.7 繰り返し反射干渉.. 91

第5章 光の回折　94

5.1 フレネルの考え方.. 94
5.2 キルヒホッフの回折積分................................... 96
5.3 開口による回折.. 99
5.4 フラウンホーファー回折とフレネル回折................... 101
5.5 フラウンホーファー回折の具体例.......................... 104
5.6 フレネル回折.. 110
5.7 レンズのフーリエ変換作用................................. 115
5.8 望遠鏡と顕微鏡の分解能................................... 119
5.9 ホログラフィー.. 123

第 6 章 いろいろな偏光　　　　　　　　　　　　　　　　　　**128**

6.1　真空中を伝播する平面波 128
6.2　等方性媒質中の光の偏光 129
6.3　異方性媒質(結晶)中の光の伝播 133
6.4　複 屈 折 136
6.5　直線偏光の形成 139
6.6　偏光の変換と移相子 142
6.7　液晶表示板と偏光 145

付　　録　　　　　　　　　　　　　　　　　　　　　　　　　**147**

参考文献　　　　　　　　　　　　　　　　　　　　　　　　　**153**

問の解答　　　　　　　　　　　　　　　　　　　　　　　　　**154**

索　　引　　　　　　　　　　　　　　　　　　　　　　　　　**178**

第1章

光の数学的表現

1.1 波の伝播

　空間における光の伝わり方は一般的な波の伝播と同様に取り扱うことができる．波の代表的なものとしては，一点から等方的に広がっていく球面波と一方向に伝播していく平面波がある．われわれが日常目にする光はほとんどが球面波と考えられるが，光の定性的な理解には，平面波の取り扱いでも十分なことが多い．

　一般に，平面波の伝播の様子は模式的に図 1.1 のように表される．x 軸に沿って平行に進む波は，y 軸および z 軸に沿って全く同じ波の形を保っている．例えば，x 座標が同じで y 座標が異なる点 A，B，C，D，E における波の"高さ"（変位）は等しい．変位の等しい隣接する点を結ぶ線を含む面を等

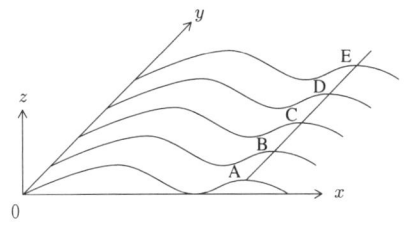

図 1.1　平面波の伝播の様子

位相面と呼ぶ．図 1.1 のような場合には，代表的な波の断面，例えば $y=0$，$z=0$ における波の動きを調べれば，波の伝播の様子がわかる．図に示した波の動きは 2 次元的でありながら，数学的には 1 次元の波として取り扱うことができる．

それでは，実際の波がどのように表現されるか簡単な例を使って見てみよう．海岸線に打ち寄せる波をイメージしてみる．波頭の断面を図 1.2 に示すような釣り鐘状の形と仮定し，形を変えずに岸に向かって打ち寄せてくるとする．波の高さに相当する値を変位 $\Psi(x,t)$（プサイ）で表すとすると，$x=0$ のまわりに存在する波は，$t=0$ において

$$\Psi(x,0) = e^{-ax^2} \tag{1.1}$$

と近似できる $(a>0)$．式 (1.1) の右辺はガウスの関数と呼ばれ，x の絶対値が大きなところでほとんどゼロになり，パルス状の波を近似的に表現するのに便利な関数である．

さて，波頭がある一定の速さ v で岸（x 軸上で正の方向とする）に向かって進んで行くとすると，時刻 t における変位 Ψ は原点から vt だけ平行移動したことになるので

$$\Psi(x,t) = e^{-a(x-vt)^2} \tag{1.2}$$

と表される．このように x 軸の正方向に伝播する波は $(x-vt)$ を変数とした関数で表されることがわかる．同様にして，x 軸の負の方向へ伝播する波は $(x+vt)$ を変数とした関数で表される．

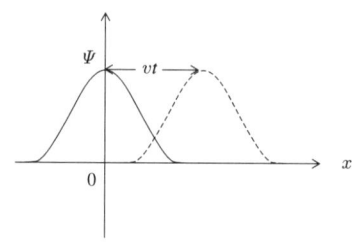

図 1.2 波頭の動き

[問 1.1]　式 (1.2) の波の式

$$\Psi(x,t) = e^{-a(x-vt)^2}$$

が波動方程式

$$\frac{\partial^2 \Psi}{\partial x^2} = \frac{1}{v^2}\frac{\partial^2 \Psi}{\partial t^2}$$

を満足することを示せ．

1.2　正弦波としての光の伝播

　真空中を伝播する光波の様子は，電磁気学的に導かれる電磁波のマクスウェルの方程式（付録 I）を解くことによって求められ，平面波の場合，模式的には図 1.3 のように示される．図中の E は電場の強さのベクトル，H は磁場の強さのベクトルを表す．E と H は光の進行方向に垂直で互いに直角の関係にある．「光学」では，ガラスやプラスチックのような，一般に自由電子を含まず，また電場を加えても電流が生じない媒質（誘電体）を伝播する光を取り扱う場合が多い．空気も誘電体の一種と考える．多くの場合，物質に対して電場の強さが重要な働きをするので，通常は光の記述には E のみに注目し，H は省略する．電磁波の発生に関する定性的な説明は，1.7 節の電気双極子放射の項で述べる．

　図 1.3 のように伝播する光波のベクトル E および H はそれぞれひとつの平面内に存在する．ここで，これらのベクトルの動きが観測できたとするとベクトルの先端の動きはどのように見えるだろうか．観測者は進行してくる光を図 1.4 のように相対して正面から見るとする．このときベクトルの先端

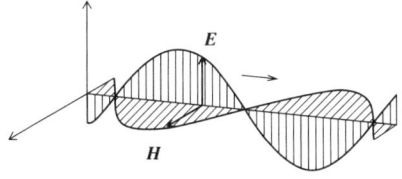

図 1.3　電磁波の電場と磁場の関係

4　第1章　光の数学的表現

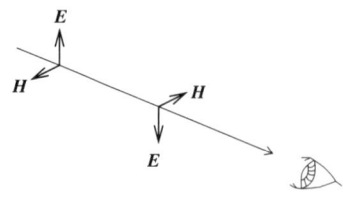

図1.4　直線偏光の観測

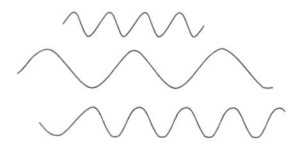

図1.5　光の波連

はひとつの直線上を振動しているように見える．このような光を直線偏光といい，ベクトルの存在する面を振動面と呼んでいる．通常,「光学」では電場ベクトル **E** の振動面を偏光面と呼び，偏光の表示にはこれを使う．ただし，**H** の振動面を偏光面と呼ぶ場合もあるので注意が必要である．偏光の状態によって光学的にいろいろな性質が現れるが，詳しい議論は後章で行う．

われわれが日常的に接する光は，図1.5に示すようにいろいろな波長を含み，それぞれの光波の長さ（波連）と強さが異なる．しかしながら，光の基本的な性質を理解するためには，単純化した光波の表現を用いた方がわかりやすい．そのために，ここでは光波を無限の長さをもつ周期的な正弦波状の単色平面波として考える．

光波の振幅を A, 波長を λ とすると，真空中を x 軸の正方向に進む平面波の変位 E（スカラー）は，式 (1.2) を参考にして

$$\begin{aligned} E(x,t) &= A\sin\frac{2\pi}{\lambda}(x-ct) \\ &= A\sin k(x-ct) \end{aligned} \tag{1.3}$$

と表せる．ここで，c は真空中の光の速さで，$k(=2\pi/\lambda)$ は波数を表す．正弦関数内の変数：$k(x-ct)$ を位相と呼んでいる．$t=0$（破線）および $t=t_0$（実線）における光波の様子を図1.6に示す．さらに $kc=\omega$（角振動数）と置き換えると

$$E(x,t) = A\sin(kx - \omega t) \tag{1.4}$$

と書ける．ちなみに振動数（周波数）は $\nu = c/\lambda$ と表せる．ω の物理的な理解を得るために，$x=0$ の位置における光波の変位 E を求めてみる．式 (1.4) は

$$E(0,t) = -A\sin(\omega t) \tag{1.5}$$

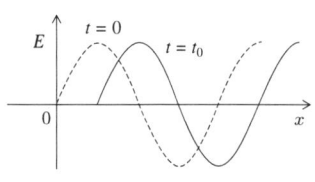
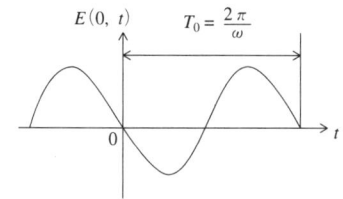

図 1.6 進行波の様子   図 1.7 $x=0$ における光波変位の時間変化

と表され，図 1.7 のように角振動数 $\omega = 2\pi/T_0$ (T_0: 周期) をもつ単振動の動きをすることがわかる．

計算上の便宜を考え，光波の表現として正弦関数の代わりに余弦関数を用いて

$$E(x,t) = A\cos k(x - ct)$$
$$= A\cos(kx - \omega t) \qquad (1.6)$$

と表すことも多い．

[問 1.2]　式 (1.3) の正弦関数は，一般に

$$E(x,t) = A\sin\alpha(x - ct)$$

と表すべきである．正弦関数内の α を波長の定義の関係式

$$E(x + \lambda, t) = E(x, t)$$

を用いて求めよ．

1.3　光波の複素数表示と強度

　光波の変位を三角関数で表す方法は直観的に理解しやすいが，いくつかの光波の加減乗除や微分積分を行う場合，計算が非常に煩雑になることがある．このような場合，計算をスムーズにし，見通しを立てやすくするために，光波の変位を複素数の指数関数で表現することがある．よく知られているように，三角関数と指数関数の間には

$$\mathrm{e}^{i\theta} = \cos\theta + i\sin\theta \qquad (1.7)$$

の関係があるので,前出の式 (1.6) は

$$E(x,t) = A\cos(kx - \omega t)$$
$$= \text{Re}[Ae^{i(kx-\omega t)}] \qquad (1.8)$$

と表せる.ここで,Re は [ ] 中の複素数の実数部をとることを意味している.このことは,光波のいろいろな計算をする場合,途中を指数関数に代え,最終的な結果を実数部から求めてもよいことを意味している.混乱のおそれがない場合には Re[ ] をはずして

$$E(x,t) = Ae^{i(kx-\omega t)} \qquad (1.9)$$

として計算を実行しても差し支えない.

次に,これらの光がわれわれにどのような形で認識されるかを示す.光の存在はわれわれの目で感じる以外に写真フィルムの感光や検出器による強度計測によって認識される.

光の強度 I は光波の変位の 2 乗に比例することが知られている.比例定数を便宜的に 1 として,ある一定の観測時間 T における平均値を強度と定義する.強度は実数値でなければならないので

$$I(x) = \frac{1}{T}\int_0^T E \cdot E^* \mathrm{d}t \qquad (1.10)$$

で表す.ここで E^* は E の複素共役を表す.E を指数関数の式 (1.9) で表した場合は

$$I(x) = A^2 \qquad (1.11)$$

となり,光の強度が振幅の 2 乗で表現できることがわかる.一方,E を余弦関数で表したときの光の強度は

$$\begin{aligned}I(x) &= \frac{1}{T}\int_0^T A^2\cos^2(kx-\omega t)\mathrm{d}t \\ &= \frac{A^2}{T}\int_0^T \frac{1+\cos 2(kx-\omega t)}{2}\mathrm{d}t \\ &= \frac{A^2}{2T}\left[t - \frac{\sin 2(kx-\omega t)}{2\omega}\right]_0^T \\ &= \frac{A^2}{2}\left\{1 + \frac{\cos(2kx-\omega T)\sin(\omega T)}{\omega T}\right\} \qquad (1.12)\end{aligned}$$

となる．観測時間 T ($\approx$ 秒) が光の振動周期 $T_0 (= 2\pi/\omega \approx 10^{-15}$ 秒) に比べ十分に長いこと，すなわち $\omega T \gg \omega T_0 (= 2\pi)$ を考慮すると

$$I(x) = A^2/2 \tag{1.13}$$

となる．光波の変位を指数関数で表した場合に比べ，見かけ上強度が半分になるのは，指数関数 $e^{i\theta}$ の実部 ($\cos\theta$) と虚部 ($\sin\theta$) それぞれの 2 乗の時間平均が 1/2 になることに注意すれば容易に理解できる．いずれにしても，光の強度と振幅の間には 2 乗に比例する関係がある．

[問 1.3]　時間の関数 $f(t)$ のある時間間隔 T における時間平均は

$$\langle f(t) \rangle = \frac{1}{T} \int_t^{t+T} f(t') \mathrm{d}t'$$

で定義できる．周期を $T_0 = 2\pi/\omega$ とした場合

$$\langle \sin^2(kx - \omega t) \rangle = \frac{1}{2}$$

が $T = T_0$ および $T \gg T_0$ で成り立つことを示せ．

1.4　光波の重ね合わせ

次に，図 1.8 のようなひとつの点光源から出た波長の等しい 2 つの光波の重ね合わせを考えてみよう．ひとつの点光源から同時刻に出た波長の等しい光は，異なる経路を経由して重ね合わせたとき，強め合ったり弱め合ったりする性質をもっている（光の干渉性）．異なる経路を通ってきたそれぞれの光波の変位を

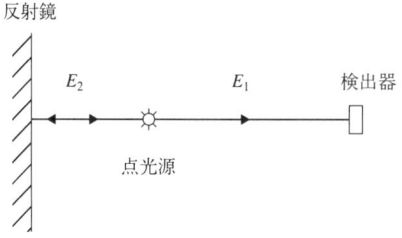

図 1.8　2 つの光波の重ね合わせ

$$E_1(x,t) = A\cos(kx - \omega t)$$
$$E_2(x,t) = A\cos\{\,k(x+\Delta) - \omega t\,\} \tag{1.14}$$

とし,2つの光波の光路差を Δ とする. E_2 は E_1 よりも位相が $k\Delta$ だけ遅れていると考える.

観測点 (x) における光波の状態は,それぞれの変位の和として表せることが知られている(重ね合わせの原理).重ね合わされた光波の変位は

$$\begin{aligned} E = E_1 + E_2 &= A[\,\cos(kx - \omega t) + \cos\{\,k(x+\Delta) - \omega t\,\}\,] \\ &= 2A\cos\frac{1}{2}(2kx + k\Delta - 2\omega t)\cos\frac{k\Delta}{2} \end{aligned} \tag{1.15}$$

と書ける.2つの光波の重ね合わせ強度 I の時間平均は

$$\begin{aligned} I(x) &= \frac{1}{T}\int_0^T |E_1 + E_2|^2 \,dt \\ &= 4A^2\cos^2\frac{k\Delta}{2}\left[\frac{1}{T}\int_0^T \cos^2\left\{\left(kx + \frac{k\Delta}{2}\right) - \omega t\right\}dt\right] \\ &= 2A^2\cos^2\frac{k\Delta}{2} = A^2(1 + \cos k\Delta) \end{aligned} \tag{1.16}$$

となり,光路差のみによって決まる.ここで,2行目から3行目の計算過程には,前出の式 (1.12) で用いた近似計算を利用した.得られた結果を図 1.9 に示す.

光路差 Δ が 0 あるいは波長の整数倍では

$$I(x) = 2A^2 \tag{1.17}$$

となり,光路差 Δ が波長の半整数倍($\lambda/2 + N\lambda$)では

$$I(x) = 0 \tag{1.18}$$

となる.元の光波 E_1 と E_2 が互いに干渉し合うことなく独立した波として存在した場合の強度は,前出の式 (1.13) を参考にすると

$$\begin{aligned} I(x) &= \langle |E_1|^2 \rangle + \langle |E_2|^2 \rangle \\ &= A^2 \end{aligned} \tag{1.19}$$

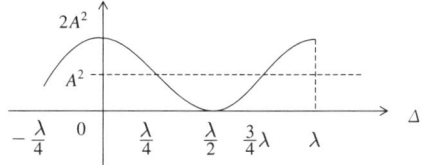

図 1.9 2つの光波の重ね合わせ強度（Δ：光路差）

となる．ここで〈　〉は時間平均を表す．重ね合わせた光が干渉し合う場合に比べて，観測点（あるいは光路差）に関係なく一定の強度になる．

われわれが日常的に経験する光強度の状態はこのような場合がほとんどで，光が干渉し合うためにはある一定の条件が必要になる．図 1.9 から明らかなように，光路差 Δ の絶対値が $\lambda/4$ より小さければ，2 つの光波が独立に検出面に到達したとするときの強度よりも大きくなる．

[問 1.4] 式 (1.14) の光波の変位を，複素数表示で

$$E_1(x,t) = A\mathrm{e}^{i(kx-\omega t)}$$
$$E_2(x,t) = A\mathrm{e}^{i(kx+k\Delta-\omega t)}$$

として，重ね合わせ強度の時間平均

$$I(x) = \frac{1}{T}\int_0^T |E_1+E_2|^2 \mathrm{d}t$$

を求め，見かけ上，強度が式 (1.16) の 2 倍になることを確かめよ．

1.5 平面波の一般的な表現

もう少し一般的な平面波の式を求める．前に示した式 (1.3) の中で，座標 x は光波の進行方向に垂直な平面の代表的な点（平面内のすべての点の x 座標は同じ）を表した．同様な考え方を，図 1.10 のような 3 次元空間の任意の方向へ進む平面波に適用してみよう．

原点から注目する平面 S に垂直に引いた線との交わる点を P とし，平面上の任意の点を Q とする．原点から P へ向かう単位ベクトルを $\boldsymbol{u}$，同じく原点

10　第1章　光の数学的表現

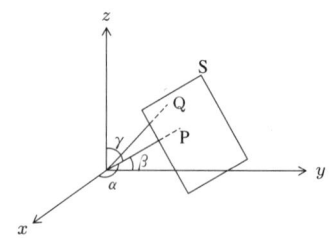

図 1.10　任意の方向へ伝播する平面波

からQへ向かうベクトルを r とすると，平面S上のP点までの距離は $u \cdot r$ で表される．よって，この平面波は

$$E(r,t) = A\cos k(u \cdot r - ct) \tag{1.20}$$

と表せる．

単位ベクトルの方向余弦を l, m, n とすると，図1.10より

$$u = (l, m, n) = (\cos\alpha, \cos\beta, \cos\gamma) \tag{1.21}$$

の関係が求まる．ここで，α, β, γ はそれぞれ単位ベクトル u と x, y, z 軸とのなす角で

$$\cos^2\alpha + \cos^2\beta + \cos^2\gamma = 1 \tag{1.22}$$

の関係がある．さらに，位置ベクトル $r = (x, y, z)$ とすると

$$E(x, y, z, t) = A\cos k(lx + my + nz - ct) \tag{1.23}$$

となる．波数 k を用いて $kl = k_x, km = k_y, kn = k_z, kc = \omega$ と置き換えると，$k = (k_x, k_y, k_z)$ と表せるので，平面波は

$$E(r, t) = A\cos(k \cdot r - \omega t) \tag{1.24}$$

と書ける．k を波動ベクトルと呼ぶ．より一般化された平面波の式として

$$E(r, t) = A\cos(k \cdot r - \omega t + \phi) \tag{1.25}$$

を用いることも多い．ここで，ϕ（ファイ）は初期位相と呼ばれている．指数関数では

$$E(r, t) = A e^{i(k \cdot r - \omega t + \phi)} \tag{1.26}$$

と書ける．

[問 1.5] 光軸（x 軸）に対して θ の角度で進む平面波を考える．座標 (x, y) における平面波の式を，式 (1.20) を利用して表せ．

1.6 球面波と円筒波

前にも述べたが，われわれが日常目にする光は平面波より球面波の方が多い．さらには，図 1.11 に示すように，狭い隙間（スリット）を通った光（円筒波）を目にすることがある．これらの光波の表現はどうなるであろうか．これまでの平面波の議論をもとに式を求めてみよう．

(1) 球面波

球面波の場合，波面の面積は中心からの距離 (r) の 2 乗に比例して大きくなるので，球面波の強度は中心からの距離の 2 乗に反比例して弱くなることがわかる．すなわち

$$I \propto \frac{1}{r^2} \tag{1.27}$$

の関係がある．さらに，前述のように光波の変位と強度との間には

$$I \propto E^2 \tag{1.28}$$

が成り立つので，前出の平面波の表現を参考にすると，球面波の変位は

$$E(\boldsymbol{r}, t) = \frac{A}{r}\cos(\boldsymbol{k}\cdot\boldsymbol{r} - \omega t) \tag{1.29}$$

と表され，指数関数では

$$E(\boldsymbol{r}, t) = \frac{A}{r}\mathrm{e}^{i(\boldsymbol{k}\cdot\boldsymbol{r}-\omega t)} \tag{1.30}$$

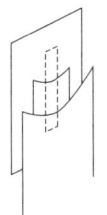

図 1.11 スリットを透過後の円筒波

と表される．

(2) 円筒波

円筒波は前述のスリットの透過波以外にも，水面の波のように波面が円となって広がるような場合も考えられる．円筒波の場合，波面の面積は中心からの距離 (r) に比例して大きくなるので，円筒波の強度は中心からの距離に反比例して弱くなることがわかる．球面波と同様にして円筒波の変位は

$$E(\boldsymbol{r},t) = \frac{A}{\sqrt{r}} \cos(\boldsymbol{k}\cdot\boldsymbol{r} - \omega t) \tag{1.31}$$

と表される．余弦関数を指数関数に置き換えられることも同様である．

[問 1.6] 指数関数で表した球面波の式 (1.30) および円筒波の式は，それぞれ球面の表面積，円筒の側面積とある一定の関係をもつことを示せ．

1.7 電気双極子放射

電磁波の生成あるいは伝播の様子を表現する簡単なモデルとして電気双極子放射がある．電気双極子は正の電荷 q と負の電荷 $-q$ が距離 d だけ離れて並んでいるものと定義され

$$p = qd \tag{1.32}$$

を電気双極子モーメントの大きさと呼んでいる．可視光や紫外線は原子や分子の最外殻電子が正の電荷（核）に対して振動しながら生成されるとみなされる．すなわち電気双極子の時間的変化が電磁波を発生させるモデルである．この電磁波発生の様子を図 1.12 に示す．

図 1.12 (a) は相対的な電荷の移動によって電場 $\boldsymbol{E}$ と磁場 $\boldsymbol{H}$ が生成される様子を示す．電磁波は振動方向に対して垂直方向に広がり始める．(b) では電荷の移動が (a) とは逆向きになり (c) では正電荷と負電荷の位置が一致する．このとき，電気力線はいったん閉じた形になる．さらに電荷は移動を続けて初めの状態 (a) と正負の電荷が入れ替わった (d) の状態になる．このような振動の繰り返しによって (e) のような周期的な電場（磁場）が生成される．

1.7 電気双極子放射　13

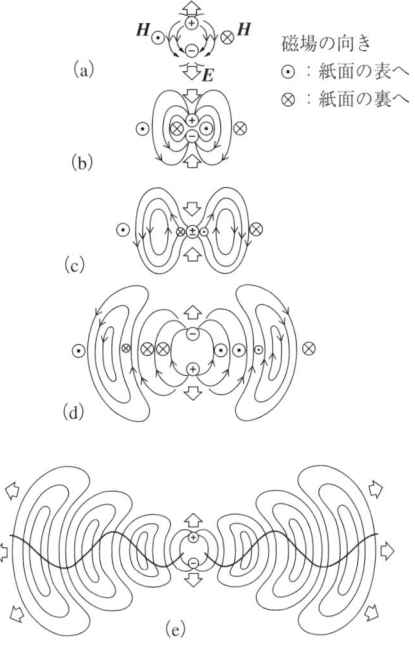

磁場の向き
⊙：紙面の表へ
⊗：紙面の裏へ

図 1.12　電気双極子放射による電磁波の生成 [9]

　光の波長は，電場の向きが一周期分の変化に対応して定義できる．図 1.12 (e) に電場の向きに対応した波動の様子を示しておく．

　次に，電気双極子放射の方向依存性を見てみよう．電気双極子の振動を角振動数 ω を用いて

$$p(t) = p_0 \cos \omega t \tag{1.33}$$

とすると，十分離れた位置 (r) での電場は，計算により

$$E(\theta) = \frac{p_0 k^2 \sin \theta}{4\pi\varepsilon_0} \frac{\cos(kr - \omega t)}{r} \tag{1.34}$$

と表せることが知られている．ここで ε_0 は真空の誘電率，θ は双極子の中心から注目する点へのベクトルと振動方向とのなす角である（図 1.13）．式 (1.34) から明らかなように，電気双極子放射強度 I（図 1.14）は

$$I \propto \frac{\sin^2 \theta}{r^2} \tag{1.35}$$

14 第1章 光の数学的表現

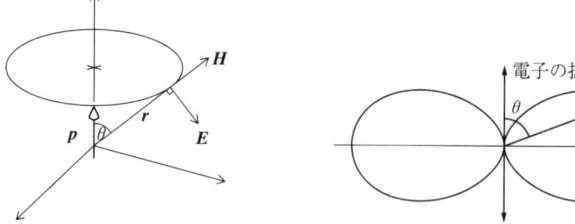

図 1.13 電気双極子放射による電場・磁場ベクトル [9]　　図 1.14 電気双極子放射強度の角分布

となり，光の強度は振動方向 ($\theta = 0$) ではゼロとなり，垂直方向 ($\theta = \pi/2$) で最も大きくなる．このことは，物質中の光の伝播を考える際きわめて重要な要件となる．

[問 1.7]　図 1.12 (a) ～ (d) で，負電荷の移動を電流（矢印と逆方向）とみなして磁場の生成と電場の生成を定性的に示せ．

第2章

光の基本的な性質

2.1 光線の定義

前の章で見てきたように，光の進行方向は等位相面に垂直である．等位相面は，平面波では2次元的な平面，球面波では点光源を中心にした球面になる．等位相面に垂直な直線は，平面波の場合，互いに平行な無数の直線群になり，球面波の場合，原点からの無数の放射状直線群になる．光の進む様子を簡潔に表すためには，これらの直線群から注目する点を通る直線を選び出せばよい．この直線は数学的に取り扱うのに非常に便利で，光線と呼ばれている．

一般に光の伝播する媒質は一様とは限らないので，光線は必ずしも直線にはならない．光が様々な媒質中や光学素子を透過あるいは反射していく様子を取り扱う分野を幾何光学と呼んでいる．

[問 2.1] 光線群がレンズによって図のように進むとする．A～Fの点を含む等位相面を図示せよ．

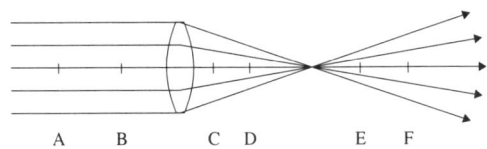

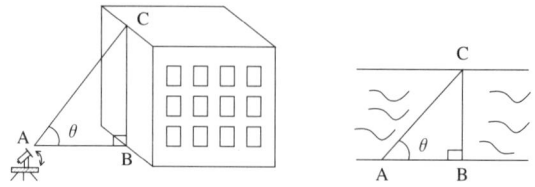

図 2.1　光の直進性を利用した三角測量法

2.2　光の直進性と光路の可逆(相反)性

第 1 章および光線の定義から，一様な媒質中では光が直進することは容易に理解できる．球面波の場合でも事情は同じである．点光源からは無数の光線が出ているので，空間のある点には必ず光源から直進してきた光が観測される．

われわれは，光が真っ直ぐに進むことを直観的に理解し，いろいろな使い方をしている．例えば，図 2.1 のように建物の高さや川幅を測るのに光学器械を用いた三角測量法を用いることがあるが，この場合は光の直進性を基本的に利用している．図では AB の距離をあらかじめ決めておき，適当な目印 C 点を望遠鏡等を利用して定め，∠CAB を計測して BC の長さを求める．望遠鏡の分解能やそれをのせる機器の回転精度によって角度の測定精度が変わるが，基本的な考え方として光の直進性を利用している．もっと単純な例としては，直線状にものを並べるとき，レーザー光線を直線定規として利用し，中心軸を決める芯出しの道具としても使っている．

光のもうひとつの基本的な性質として，ある点 A から出た光が特定の光路を通って点 B に至った場合，点 B から同じ光路をたどって点 A に戻ることができるということである．この性質を光の相反性(可逆性)と呼んでいる．非常に単純な性質であるが，一方で観測できるものは他方でも必ず観測できるという，光学的には重要な法則である．

ピンホールカメラ

光の直進性を利用した典型的な例として，ピンホールカメラの原理を考えてみよう．ピンホールカメラは，図 2.2 に示すように小さな針穴とスクリーン（フィルムあるいは 2 次元検出器）からなる簡単な構造をしている．穴の

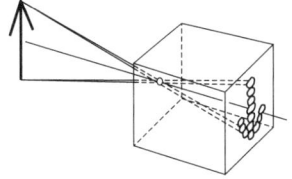

図 2.2 ピンホールカメラ．ピンホールの穴径による像のボケ

大きさは 0.3mm 程度のものがよく，それより大きくても小さすぎても像がボケてしまう．物体の一点から出た光はピンホール全体を通ってスクリーンに到達する．すなわち一点から出た光はピンホールの形をスクリーン面上に投影する．図から明らかなように，ピンホールの大きさが大きいと重なりが生じる．ピンホールを小さくしていくと，この重なりは減少するが，小さすぎると後述のように回折が生じて再び像がボケはじめる．回折は波長が長いと顕著に起こるので，ピンホールカメラは，レンズの製作が難しい波長の短いX線やγ線の撮影等によく使われる．

[問 2.2] ピンホールカメラのピンホールの直径を d，物体からピンホールまでの距離を a，ピンホールからスクリーンまでを b とする．スクリーン上における像のボケおよび物体上の点に換算したボケの大きさを求めよ．

2.3 反射の法則

われわれが光を最も身近に感じ，利用しているのが光の反射である．光の反射には大きく分けると，図 2.3 に示すように，光の入射方向に対して反射する方向が一定に決まる正反射と反射の方向が様々な乱反射とに分けられる．日常目にする物体表面は，見る位置を変えても大体見えるので，乱反射を起こ

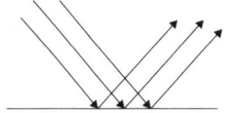 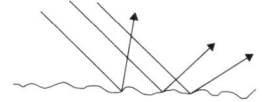

図 2.3 滑らかな面による正反射と粗い面による乱反射

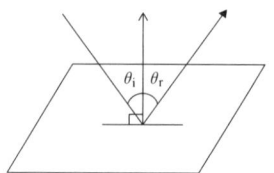

図 **2.4** 反射の法則

すものがほとんどであることがわかる．むしろ，正反射のみを起こす物体は例外で，鏡のように目的をもって作らないと完全に近い正反射は得られない．

光学では，正反射を一般的に反射と呼んでいろいろな性質を導き出す．反射の法則は，図 2.4 に示すような理想的な境界平面において成り立つ．入射面は，入射光線と境界面の交点で境界面に立てた法線と入射光線のつくる平面で定義される．この定義は，反射面の形状が球面あるいは非球面になっても一般性を失わない．

反射の法則

反射光は入射面内にあり

$$入射角 (\theta_i) = 反射角 (\theta_r)$$

反射の法則は「ホイヘンスの原理」を使うと簡単に導ける．ホイヘンスの原理はよく知られているように，「波は，等位相面(波面)上の各点が次の球面

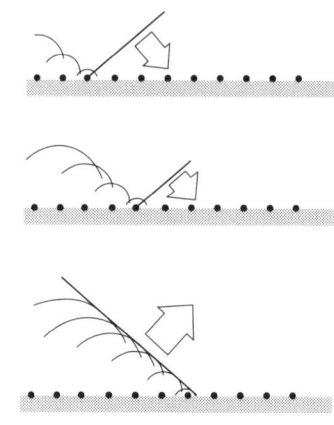

図 **2.5** ホイヘンスの原理による反射の生成 [9]

波（2次波）の波源となって，伝わっていく」という内容である．実際に観測される波は，これら2次波の重ね合わせの結果生じる包絡面になる．図2.5にこの原理による反射の様子を示す．

正反射が起きる面粗さとレイリーの結像条件

正反射が起きるためにはどの程度反射面が滑らかである必要があるかを考えてみよう．反射面の凹凸を模式的に図2.6のように示す．注目する面粗さの高低差をhとする．光の斜入射角（反射面と光線とのなす角）をθとする．点Aおよび点B（高さhで等しいとする）で反射する光の光路差はゼロであるが，点Aと理想面上の仮想点C（点Aから理想面に垂直に下した線との交点）で反射した光の光路差は$DC + CE = 2DC = 2h\sin\theta$となる．

光路差の許容範囲を1.4節の図1.9から求めてみよう．反射面の凹凸が大きくなると，2次波同士の光路差が$\lambda/4$を越え反射強度が減少する．完全な正反射を起こさせるためには，2次波の光路差を常にゼロにすることが要求されるが，現実には特殊な場合を除いてきわめて困難である．実際上は2次波同士が強め合えば反射波が生成されるので，正反射を起こさせるための光路差Δの条件として

$$-\frac{\lambda}{4} < \Delta < \frac{\lambda}{4} \tag{2.1}$$

を満たせばよい．この条件はレイリーの結像条件と呼ばれ，光学素子の設計や製作の際の指針となる．このレイリーの結像条件を使うと

$$2h\sin\theta < \lambda/4 \tag{2.2}$$

であれば，2つの光が強め合い，面粗さの影響が少なくなる．すなわち

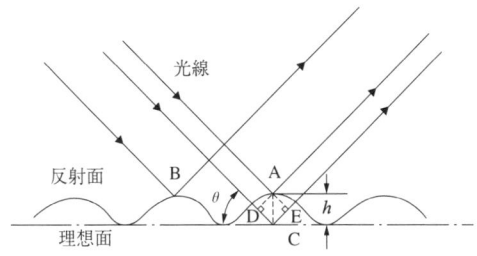

図 **2.6** 表面粗さによる光路差

20　第2章　光の基本的な性質

$$h < \lambda/8\sin\theta \tag{2.3}$$

となる．垂直入射では，$\theta = \pi/2$ とおいて

$$h < \lambda/8 \tag{2.4}$$

となる．この式からわかるように，反射鏡の面粗さとしては，光の波長の1桁以上の滑らかさが要求されることがわかる．

[問 2.3]　右の図のような紙面に垂直な2枚の平面鏡 M_1, M_2 が角度 θ で接している．今，紙面に平行な光線 A を図のように鏡面 M_1 に入射させ，反射光 B が M_2 で反射するとする．光線 A の入射角を変化させても，常に光線 B が光線 A と平行な方向に戻ることが可能になる θ の値を求めよ．

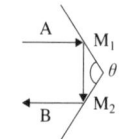

2.4　屈折の法則

　子供の頃，お風呂のお湯の中で手の形を見て，短く見えたり，長く感じたりした経験は誰でももっている．あるいは，図 2.7 のように川に釣りざおを入れて見ると竿が折れ曲がって短く見える．この現象が光の屈折によるものであることの理解は，学年が進んでからであろう．今日，スネルの屈折の法則として有名な式は，スネルが法則を発見し，その後デカルトが修正したものである．屈折率 n は，光の真空中の速さ c と媒質中の光の速さ v との比として定義される．

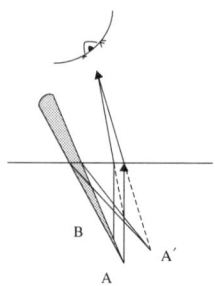

図 2.7　光の屈折現象

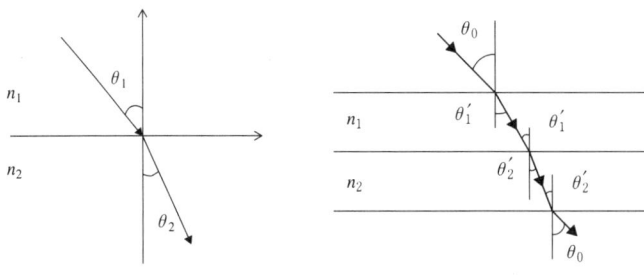

図 2.8 屈折の法則   図 2.9 スネルの屈折の法則

屈折の法則

屈折光線は入射面にあり，媒質の組み合わせが決まれば

$$\frac{\sin\theta_1}{\sin\theta_2} = n_{12}(\text{定数}) \tag{2.5}$$

で与えられる（図 2.8）．ここで θ_1 および θ_2 は境界面の法線に対し入射光と屈折光のなす角で，それぞれ入射角および屈折角と呼ぶ．n_{12} は媒質 1 に対する媒質 2 の相対屈折率である．媒質 1 が真空の場合，媒質 2 の屈折率を絶対屈折率と呼び，慣習上，n_{02} を n_2 と表す．絶対屈折率 n は，光の真空中の速さ c と媒質中の光の速さ v との比

$$n = \frac{c}{v} \tag{2.6}$$

と定義される．空気の絶対屈折率は近似的に 1.00028 なので，通常は空気に対する屈折率を絶対屈折率とみなして差し支えない．

今，図 2.9 のように空気中に平板状の媒質 1, 2（それぞれの屈折率 n_1 と n_2）を重ね合わせ，光を空気中から入射角 θ_0 で入射させた場合を考える．媒質 1 と空気および媒質 2 と空気の間には，それぞれ

$$\frac{\sin\theta_0}{\sin\theta_1'} = n_{01} = n_1$$

$$\frac{\sin\theta_0}{\sin\theta_2'} = n_{02} = n_2 \tag{2.7}$$

の関係が成り立つ．2 つの式から

$$\frac{n_2}{n_1} = \frac{\sin\theta_1'}{\sin\theta_2'} = n_{12} \tag{2.8}$$

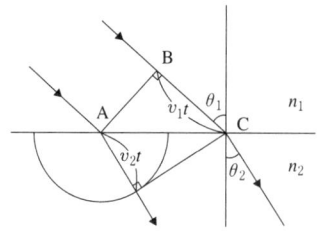
図 2.10 ホイヘンスの原理による屈折波の生成

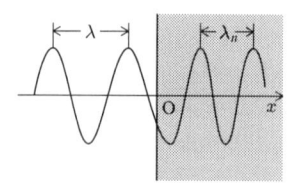
図 2.11 境界付近での光の波長の変化

となり，一般に

$$n_1 \sin\theta_1 = n_2 \sin\theta_2 \tag{2.9}$$

が求まる．これをスネルの屈折の法則と呼んでいる．

屈折の法則も反射の法則と同様にホイヘンスの原理を使って証明できる．図 2.10 に屈折の様子を示す．異なる媒質 1，2 の境界 A 点に達した光は，t 秒後には媒質 2 の中を点 A から $v_2 t$ 進む．同じ時間内に等位相面上の点 B からの光は $v_1 t$ 進む．屈折率の定義から

$$n_1 = c/v_1, \qquad n_2 = c/v_2 \tag{2.10}$$

さらに，$\mathrm{AC}\sin\theta_1 = v_1 t$，$\mathrm{AC}\sin\theta_2 = v_2 t$ の関係を使うと式 (2.9) が求められる．

この屈折の様子を参考にして，真空中から媒質に垂直に平面波が入射した場合を考えてみよう．図 2.11 でわかるように，境界面に達した光波は，その変位の状態（山や谷など）を保ったまま媒質に入射して屈折を起こす．すなわち，真空中から媒質に入射する単位時間当たりの光波の山や谷の数は同じである．すなわち，波長は変化するが振動数は変わらない．図から明らかなように，媒質中では単位時間に進む距離が v/c に減少する．結果として波長 λ_n は

$$\lambda_n = \lambda/n \tag{2.11}$$

となることがわかる．

[問 2.4] 屈折率 n の媒質中の波長 λ_n の式 (2.11) を導け．

2.5 屈折率と光学的距離（光路長）

前節で述べたように，媒質が変わると光の屈折が生じ，光の伝播が複雑になる．いろいろな媒質を経て進んできた光の光路を標準的な物差しに合わせる方法を考えて見よう．

今，屈折率 n の媒質中を距離 d だけ進むのに時間 t かかったとすると

$$d = vt = ct/n \tag{2.12}$$

なので

$$nd = ct \tag{2.13}$$

となる．すなわち，屈折率 × 距離 $(= nd)$ は同じ時間内に光が真空中を進む距離 ct に相当する．この距離のことを光学的距離あるいは光路長と呼ぶ．

一般に，図 2.12 のように屈折率が $n_1, n_2, n_3, \ldots$ で光路の長さがそれぞれ $d_1, d_2, d_3, \ldots$ の媒質中を光が進むときの光路長は

$$L = n_1 d_1 + n_2 d_2 + n_3 d_3 + \cdots \tag{2.14}$$

と表せる．点 A から点 B まで光路の長さが連続的に変化する場合の光路長は

$$L_{AB} = \int_A^B n(l) dl \tag{2.15}$$

と表せる．ここで

$$n(l) = c/v(l), \quad \frac{dl}{v(l)} = dt \tag{2.16}$$

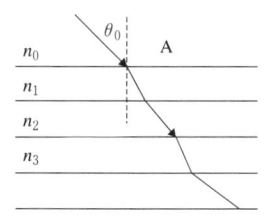

図 **2.12** 複数の媒質の屈折

なので
$$L_{AB} = \int_A^B c\,dt = c\int_A^B dt = ct_{AB}, \quad \left(t_{AB} = \int_A^B \frac{dl}{v(l)}\right) \qquad (2.17)$$

と書ける．式 (2.13) と (2.17) から明らかなように，一般に，「光学的距離（光路長）は，点 A から点 B へ進むのに要する時間に真空中を光が進む距離と等しい」といえる．真空中を進む光線は平面波であれ，球面波であれ，1 点から他の 1 点に至る経路は明らかに 2 点を直線で結んだ線分になる．この事実から次のような「フェルマーの原理」が直観的に理解できる．

「1 点から他の 1 点へ向かう光線は，2 点を結ぶ経路のうち光路長が極（小）値になるような経路をとる」

この原理を利用すると，反射の法則と屈折の法則が容易に導ける．

(1) 反射の法則

図 2.13 に示すように，点 P からの光が点 A で反射して点 Q に至る経路を考える．図から明らかなように，点 P に対して鏡面に対称な点 P′ から点 Q に向かう直線は幾何学的に最小になる．

(2) 屈折の法則

図 2.14 に示すような屈折率 n_1, n_2 をもつ 2 つの媒質の境界での屈折を考える．それぞれの座標を P(x_P, y_P)，Q(x_Q, y_Q)，A($x, 0$) とする．光路長 L_{PQ} は

$$\begin{aligned}L_{PQ} &= L_{PA} + L_{AQ} \\ &= n_1 PA + n_2 AQ \\ &= n_1\sqrt{(x-x_P)^2 + y_P^2} + n_2\sqrt{(x-x_Q)^2 + y_Q^2}\end{aligned} \qquad (2.18)$$

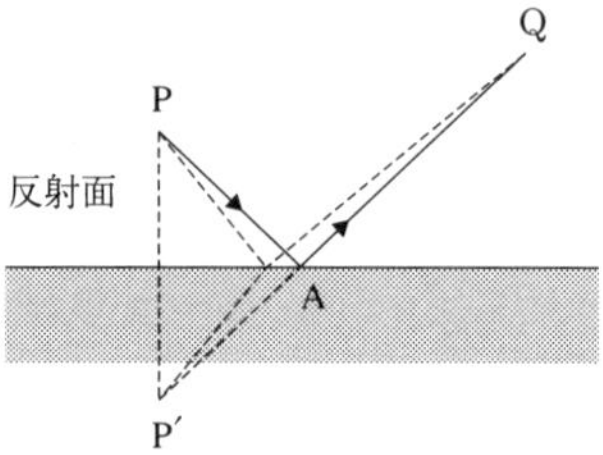

図 **2.13** フェルマーの原理による反射の法則

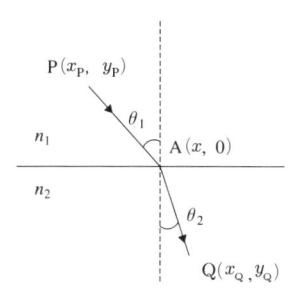

図 2.14 フェルマーの原理による屈折の法則

と書ける．光路長 L_{PQ} の極値は A 点の x 座標で微分することによって求まる．すなわち

$$\frac{dL_{PQ}}{dx} = \frac{n_1(x-x_P)}{\sqrt{(x-x_P)^2+y_P^2}} + \frac{n_2(x-x_Q)}{\sqrt{(x-x_Q)^2+y_Q^2}}$$
$$= n_1 \sin\theta_1 - n_2 \sin\theta_2$$
$$= 0 \tag{2.19}$$

となり，スネルの屈折の式が導かれる．ここで，A 点の x 座標が点 P と点 Q の間にあることはあきらかである．

[問 2.5] 蜃気楼（しんきろう）や逃げ水は地表付近の屈折率勾配によって起こる現象である．一般に空気の屈折率は密度が大きいほど屈折率も大きくなる．海面付近が暖かく，上空が冷たい気象状態で見られる蜃気楼を屈折率勾配を用いて説明せよ．

2.6 全反射と光ファイバー

図 2.15 に示すように，光が水中から空気中へ入射するときの，屈折率の大きな媒質から屈折率の小さな媒質へと進むと，屈折角は入射角に比べて大きくなる．入射角が大きくなって屈折角が 90° を越えると，入射した光のすべてが反射する．これを全反射という．屈折角が 90° となるときの入射角を臨

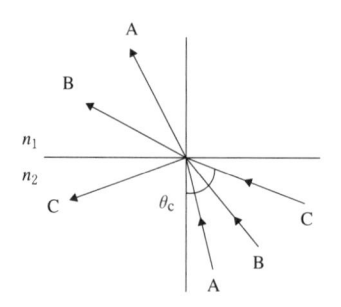

図 2.15 全反射臨界角 (θ_c)

界角 (θ_c) と呼ぶ．式 (2.9) より

$$\sin \theta_c = n_1/n_2 \tag{2.20}$$

の関係式が成り立つ．この式は，全反射を起こすときの臨界角を実験的に求めて，未知の物質の屈折率を決める際に用いられる．

光ファイバー

全反射を利用して光を伝播させる光ファイバーは，画像の伝送や光通信に使われている．光ファイバーの構造は，中心部（コア）の屈折率 (n_f) が周辺部（クラッド）の屈折率 (n_c) より大きくなっていて，境界面での全反射を利用して光が中心部を伝播するようにしている．光の伝播の様子を見てみよう．取り扱いを簡単にするために，入射する光が光ファイバーの中心に入射し，ファイバー断面の直径に沿って伝播していくと仮定する．

図 2.16 のように，空気中からの入射角を θ_i，屈折角を θ_t，コアからクラッドへの入射角と屈折角をそれぞれ θ および φ とすると

$$1 \times \sin \theta_i = n_f \sin \theta_t \tag{2.21}$$

$$n_f \sin \theta = n_c \sin \varphi \tag{2.22}$$

および

$$\theta_t + \theta = \frac{\pi}{2} \tag{2.23}$$

の関係により

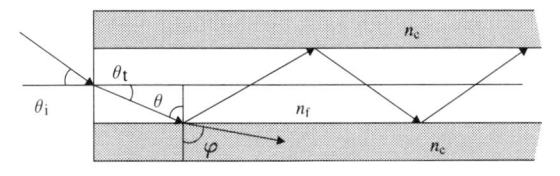

図 2.16 全反射を利用した光ファイバー中の光の伝播

$$\sin\theta_i = n_f \cos\theta \tag{2.24}$$

$$n_f^2 - n_f^2 \cos^2\theta = n_f^2 - \sin^2\theta_i = n_c^2 \sin^2\varphi \tag{2.25}$$

が成り立ち，$\varphi = 90°$ のとき

$$n_f^2 - \sin^2\theta_i = n_c^2 \tag{2.26}$$

となる．すなわち

$$n_f^2 - n_c^2 \geqq \sin^2\theta_i \tag{2.27}$$

の条件で全反射を起こす．クラッドの部分がない場合は $n_c = 1$ とし，$1 \geqq \sin^2\theta_i$ なので $n_f^2 - 1 \geqq 1$，すなわち

$$n_f \geqq \sqrt{2} = 1.414 \tag{2.28}$$

を満足する光ファイバーでは，端面の中心に入射した光はすべて全反射伝播することが可能である．

[問 2.6] 光ファイバーによる光通信では，光の経路によって伝送時間が異なる．図 2.16 のような階段状の屈折率をもつファイバーでは端面に垂直入射した光が最も短時間で伝送する．コア (n_f) からクラッド (n_c) への入射で臨界全反射を起こす場合が最も長時間の伝送になる．ファイバーの長さを L として両者の伝送時間差を求めよ．

$n_f = 1.500$，$n_c = 1.489$ の場合 1km 当たりの時間差を求めよ．

2.7　プリズムと最小偏角

プリズムは単純な構造でありながら非常に重要な光学的性質を示す．屈折や反射あるいは全反射を利用することによって光線の向きを変えたり，波面分

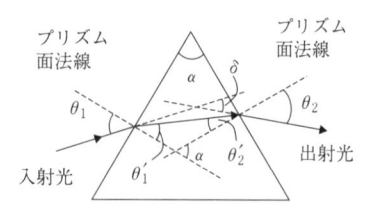

図 2.17 プリズムの屈折率と最小偏角

割や偏光の生成にも使われる．さらに，プリズムは波長の異なる光を屈折角の違いによって分光する能力も有している．これは物質の屈折率が波長によって異なる分散の性質を利用している．ここでは，ある波長に対する物質の屈折率をプリズムの屈折角を利用して求める方法を紹介する．

今，図 2.17 のように空気中におかれた頂角 α をもつ三角柱のプリズム（屈折率 n）を考える．光は紙面に平行に左側から入射し，2 回の屈折を経て右側に出射する．入射光線と出射光線のなす角（偏角）を δ とすると

$$\delta = (\theta_1 - \theta_1') + (\theta_2 - \theta_2') \tag{2.29}$$

である．入射点と出射点からそれぞれプリズム面に垂直に降ろした線のなす外角は頂角 α に等しい．すなわち

$$\alpha = \theta_1' + \theta_2' \tag{2.30}$$

である．よって

$$\delta = \theta_1 + \theta_2 - \alpha \tag{2.31}$$

と表せる．δ の値は入射角を変えると変化する．光線の逆進性を考えると，$\theta_1' = \theta_2'$ のとき，入射光線と出射光線が対称になり，δ の値が極値をとることが予想される．実際に実験によって δ が最小値をもつことが示されている．このときの偏角を最小偏角 $\delta_{\min}$ と呼んでいる．

$\delta_{\min}$ を計算で求めてみよう．入射角 θ_1 の変化に対して δ が極値をとる条件は

$$\frac{d\delta}{d\theta_1} = 0 = 1 + \frac{d\theta_2}{d\theta_1} \tag{2.32}$$

である．次に $d\alpha = 0$ より

$$d\theta_1' + d\theta_2' = 0 \tag{2.33}$$

入射点および出射点におけるスネルの法則より

$$\begin{aligned} \sin\theta_1 &= n\sin\theta_1' \\ n\sin\theta_2' &= \sin\theta_2 \end{aligned} \tag{2.34}$$

それぞれの両辺を微分すると

$$\begin{aligned} \cos\theta_1 \mathrm{d}\theta_1 &= n\cos\theta_1' \mathrm{d}\theta_1' \\ n\cos\theta_2' \mathrm{d}\theta_2' &= \cos\theta_2 \mathrm{d}\theta_2 \end{aligned} \tag{2.35}$$

式 (2.33), (2.34), (2.35) を整理すると

$$\frac{\cos\theta_1}{\cos\theta_2} = \frac{\cos\theta_1'}{\cos\theta_2'}$$

となる．両辺を 2 乗して再びスネルの法則の式を用いると

$$\frac{1-\sin^2\theta_1}{1-\sin^2\theta_2} = \frac{n^2-\sin^2\theta_1}{n^2-\sin^2\theta_2} \tag{2.36}$$

となる．上の式を整理すると

$$(n^2-1)(\sin^2\theta_1 - \sin^2\theta_2) = 0 \tag{2.37}$$

となり，$n \neq 1$ なので $\theta_1 = \theta_2$ がいえる．このときの δ の値を $\delta_{\min}$ とすると

$$\theta_1 = \frac{\delta_{\min}+\alpha}{2} \tag{2.38}$$

となり，$\theta_1' = \theta_2' = \alpha/2$ となる．結局，屈折率 n は

$$n = \frac{\sin\{(\delta_{\min}+\alpha)/2\}}{\sin\dfrac{\alpha}{2}} \tag{2.39}$$

で与えられる．頂角 α はプリズム製作の過程で高精度に決められるので，入射光と出射光の方向を正確に測定し，その偏角の最も小さくなる値 $\delta_{\min}$ を求めれば屈折率が得られる．

[問 2.7] 頂角 α の小さいプリズムは

$$\delta_{\min} = (n-1)\alpha$$

が近似的に成り立つことを示せ．

2.8 屈折率と分散

プリズムの項でも紹介したように，白色光をプリズムに入射させると波長によって屈折率が異なり分光される．物質の屈折率が波長によって変化する現象を分散と呼んでいる．では，この分散がどのように起こるかを簡単なモデルで説明しよう．

前に述べたように，屈折率は注目する真空中の光の速さ c と物質中の光の速さ v との比で定義した．光の速さは，誘電率 ε と透磁率 μ との間で付録の式 (A.14) の関係が成り立つので，屈折率 n は

$$n = \frac{c}{v} = \sqrt{\frac{\varepsilon\mu}{\varepsilon_0\mu_0}} \tag{2.40}$$

と表せる．誘電体では $\mu \approx \mu_0$（真空の透磁率）とおけるので，結局 ε と波長の関係を求めれば屈折率の分散の様子がわかる．1.7 節の電気双極子放射の原理でも述べたように，光の伝播の様子は分極の振動によって説明できる．

今，原子を構成する電子に角振動数 ω をもつ外部電場

$$E(t) = E_0 \cos\omega t \tag{2.41}$$

が作用したとする．電子の位置を $x(t)$，質量を m とすると，電子に関する運動方程式は

$$m\frac{d^2 x}{dt^2} = -m\omega_0^2 x + eE(t) \tag{2.42}$$

と表される．ここで ω_0 は電子の固有角振動数，e は電子の電荷である．この式は振り子に強制振動を与えたような場合を表しており，解は容易に求まる．計算の結果，外部電場の影響による運動 $x(t)$ は

$$x(t) = \frac{(e/m)E(t)}{\omega_0^2 - \omega^2} \tag{2.43}$$

と求まる．

分極 P は単位体積中の電気双極子の数 (N) で定義できるので

$$\begin{aligned} P &= exN \\ &= \frac{N(e^2/m)E(t)}{\omega_0^2 - \omega^2} \end{aligned} \tag{2.44}$$

と表される．一方，誘電体の誘電率 ε と分極 P との間には

$$\varepsilon E = \varepsilon_0 E + P$$

の関係が与えられているので，誘電率 ε は

$$\begin{aligned}\varepsilon &= \varepsilon_0 + \frac{P}{E} \\ &= \varepsilon_0 + \frac{N(e^2/m)}{\omega_0^2 - \omega^2}\end{aligned} \quad (2.45)$$

となる．屈折率の定義から

$$n^2 = 1 + \frac{Ne^2}{\varepsilon_0 m}\left(\frac{1}{\omega_0^2 - \omega^2}\right) \quad (2.46)$$

が求まる．これが角振動数 ω の光に対する屈折率を表す式で分散式と呼ばれる．この分散式は密度の小さいガスに対して有効であるが，密度の大きい液体や固体に対しては修正が必要となる．詳しい計算によると，固体等に対しては

$$\frac{n^2 - 1}{n^2 + 2} = \frac{Ne^2}{3\varepsilon_0 m}\left(\frac{1}{\omega_0^2 - \omega^2}\right) \quad (2.47)$$

の式が利用される．いずれにしても，屈折率が入射光の角振動数，すなわち波長の関数として表されることがわかる．

式 (2.46) からも明らかなように，$\omega < \omega_0$ の領域すなわち角振動数が ω_0 より小さい領域（特定の波長より長い領域）では，ω が増す（波長が短くなる）と屈折率も大きくなることがわかる（正常分散）．分散式からは $\omega_0 = \omega$ （共鳴あるいは共振）近辺で屈折率が無限大に発散することになってしまうが，実際には電子に抵抗力が作用し有限の値になる．共鳴条件は可視域以外の波長域でもいくつか見られ，ω の増加に伴って屈折率が減少する領域もある（異常分散）．一般に屈折率と角振動数の関係は図 2.18 のような傾向を示す．

[問 2.8] 電子に外部電場が作用したとき，電子の振動数が外部電場と同じ振動数で運動するとして式 (2.43) を導け．

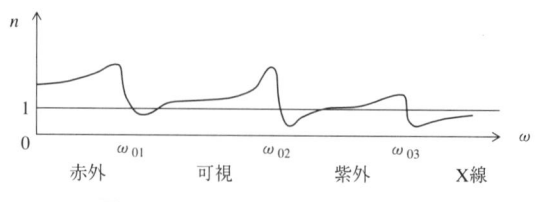

図 2.18 屈折率と角振動数の関係 [9]

2.9 反射率と透過率(フレネルの公式)

光が屈折率の異なる媒質の境界面に入射したときの反射の法則と屈折の法則に関してはすでに述べたが,入射光に対しての反射光の割合(反射率)や透過光の割合(透過率)はどうなるであろうか.入射光は簡単のために単色平面波として考える.一般に光の振動面は入射面に対してある角度をもっているが,この振動面内の電場ベクトルは入射面内に平行な成分と垂直な成分に分けることができる.平行な成分を p 偏光,垂直な成分を s 偏光と呼んでいる.それぞれの直線偏光についての振幅反射率と振幅透過率を求める.

2.9.1 s 偏光の振幅反射率と振幅透過率

図 2.19 に示すように,入射光の振動面(電場ベクトル)が入射面に対して垂直な場合の振幅反射率と振幅透過率を求めてみよう.入射側の媒質の屈折率を n_1,屈折側の媒質の屈折率を n_2 とし,入射角,反射角をそれぞれ θ_1,屈折角を θ_2 とする.入射光,反射光および透過光を含む入射面を xy 平面とし,反射および屈折を起こす境界面を xz 面とする.境界面 $y=0$ において,光波の連続性から媒質 1 の側にある入射光と反射光の振幅の和は媒質 2 の側にある透過光の振幅に等しくなければならない.

z 軸方向の電場成分に関して,入射光を E_i,反射光を E_r,透過光を E_t とすると

$$E_i + E_r = E_t \tag{2.48}$$

となる.一方,磁場の振幅ベクトルに関しては,付録 II の式 (A.21) より

$$H = \frac{1}{\mu v}(\boldsymbol{u} \times \boldsymbol{E}) \tag{2.49}$$

2.9 反射率と透過率（フレネルの公式）

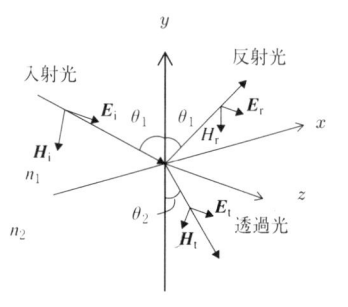

図 2.19 s 偏光の反射

の関係が成り立つ．ここで v は媒質中の光速，u は光の進行方向の単位ベクトルで，入射光，反射光，透過光はそれぞれ

$$u_i = (\sin\theta_1, -\cos\theta_1, 0)$$
$$u_r = (\sin\theta_1, \cos\theta_1, 0) \tag{2.50}$$
$$u_t = (\sin\theta_2, -\cos\theta_2, 0)$$

と表せる．

磁場の x 軸方向の成分に関して電場と同様な連続の条件を適用する．入射光，反射光，透過光の磁場をそれぞれ H_i, H_r, H_t とすると，境界面における連続の条件は

$$(H_i)_x + (H_r)_x = (H_t)_x \tag{2.51}$$

となる．これを電場の関係式に直すと

$$(H_i)_x = \frac{1}{\mu_1 v_1}(u_i \times E_i)_x = \frac{-E_i}{\mu_1 v_1}\cos\theta_1 \tag{2.52}$$

$$(H_r)_x = \frac{1}{\mu_1 v_1}(u_r \times E_r)_x = \frac{E_r}{\mu_1 v_1}\cos\theta_1 \tag{2.53}$$

$$(H_t)_x = \frac{1}{\mu_2 v_2}(u_t \times E_t)_x = \frac{-E_t}{\mu_2 v_2}\cos\theta_2 \tag{2.54}$$

誘電体では $\mu_1 \approx \mu_2 \approx \mu_0$ とおけるので

$$\frac{E_i}{v_1}\cos\theta_1 - \frac{E_r}{v_1}\cos\theta_1 = \frac{E_t}{v_2}\cos\theta_2 \tag{2.55}$$

となる．

$$v_1/v_2 = n_2/n_1 \tag{2.56}$$

が成り立つので

$$n_1(E_\mathrm{i} - E_\mathrm{r})\cos\theta_1 = n_2 E_\mathrm{t}\cos\theta_2 \tag{2.57}$$

となる．

s 偏光の振幅反射率を $r_\mathrm{s}(= E_\mathrm{r}/E_\mathrm{i})$，振幅透過率を $t_\mathrm{s}(= E_\mathrm{t}/E_\mathrm{i})$ とおくと，式 (2.48) と (2.57) より

$$1 + r_\mathrm{s} = t_\mathrm{s} \tag{2.58}$$

$$n_1(1 - r_\mathrm{s})\cos\theta_1 = n_2 t_\mathrm{s} \cos\theta_2 \tag{2.59}$$

と書け，計算の結果

$$r_\mathrm{s} = \frac{n_1 \cos\theta_1 - n_2 \cos\theta_2}{n_1 \cos\theta_1 + n_2 \cos\theta_2} \tag{2.60}$$

$$t_\mathrm{s} = \frac{2 n_1 \cos\theta_1}{n_1 \cos\theta_1 + n_2 \cos\theta_2} \tag{2.61}$$

が求まる．スネルの法則の式を用いると

$$r_\mathrm{s} = \frac{-\sin(\theta_1 - \theta_2)}{\sin(\theta_1 + \theta_2)} \tag{2.62}$$

$$t_\mathrm{s} = \frac{2\cos\theta_1 \sin\theta_2}{\sin(\theta_1 + \theta_2)} \tag{2.63}$$

となる．式 (2.62) の右辺は $n_1 < n_2$ のとき常に負の値をとる．すなわち，反射光は入射光に対して常に位相が π だけ変化する．一方，式 (2.63) の右辺は常に正なので透過光の位相は変化しない（図 2.21 参照）．

[問 2.9.1]　式 (2.62) および (2.63) を導け．

2.9.2　p 偏光の振幅反射率と振幅透過率

図 2.20 (a) に示すような入射光の振動面が入射面に対して平行な p 偏光の振幅反射率と振幅透過率を求めてみよう．p 偏光の入射光，反射光および透過光の電場ベクトルの正方向は図 2.20 (b) の矢印の向きとする．このとき，入射光，反射光および透過光の電場ベクトルは，それぞれ

$$\begin{aligned}
\boldsymbol{E}_\mathrm{i} &= (E_\mathrm{i}\cos\theta_1, E_\mathrm{i}\sin\theta_1, 0) \\
\boldsymbol{E}_\mathrm{r} &= (E_\mathrm{r}\cos\theta_1, -E_\mathrm{r}\sin\theta_1, 0) \\
\boldsymbol{E}_\mathrm{t} &= (E_\mathrm{t}\cos\theta_2, E_\mathrm{t}\sin\theta_2, 0)
\end{aligned} \tag{2.64}$$

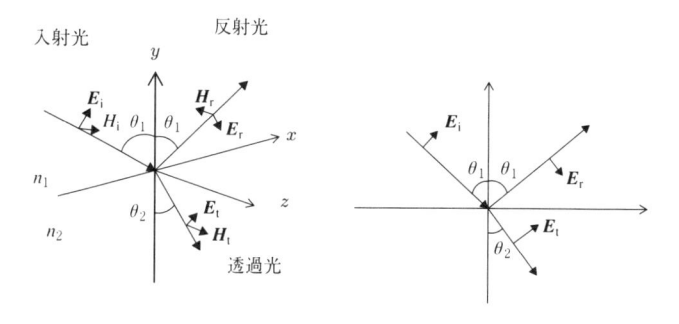

(a) p 偏光の反射

(b) p 偏光電場のベクトルの符号（矢印の向きを正）

図 2.20　p 偏光の反射

と表される．

s 偏光と同様に，境界面 $y = 0$ における光波の連続性を考える．電場の x 軸方向の入射光，反射光，透過光の成分を考えると

$$E_i \cos\theta_1 + E_r \cos\theta_1 = E_t \cos\theta_2 \tag{2.65}$$

また磁場に関しては，z 軸方向の成分に関して

$$H_i - H_r = H_t \tag{2.66}$$

が成り立つ．式 (2.49) より $\mu_1 = \mu_2$ とすると，磁場ベクトルの z 成分の関係は

$$\frac{E_i}{v_1} - \frac{E_r}{v_1} = \frac{E_t}{v_2} \tag{2.67}$$

となる．

p 偏光の振幅反射率を $r_p (= E_r/E_i)$，振幅透過率を $t_p (= E_t/E_i)$ とおくと，式 (2.65) と (2.67) より

$$(1 + r_p)\cos\theta_1 = t_p \cos\theta_2 \tag{2.68}$$

$$n_1(1 - r_p) = n_2 t_p \tag{2.69}$$

となり

$$r_p = \frac{n_1 \cos\theta_2 - n_2 \cos\theta_1}{n_2 \cos\theta_1 + n_1 \cos\theta_2} \tag{2.70}$$

$$t_{\mathrm{p}} = \frac{2n_1 \cos\theta_1}{n_2 \cos\theta_1 + n_1 \cos\theta_2} \tag{2.71}$$

が求まる．スネルの屈折の法則を使うと

$$r_{\mathrm{p}} = \frac{-\tan(\theta_1 - \theta_2)}{\tan(\theta_1 + \theta_2)} \tag{2.72}$$

$$t_{\mathrm{p}} = \frac{2\sin\theta_2 \cos\theta_1}{\sin(\theta_1 + \theta_2)\cos(\theta_1 - \theta_2)} \tag{2.73}$$

となる．以上の 4 つの式をフレネルの公式と呼んでいる．

今，これらの振幅反射率と振幅透過率を $n_1 = 1.0, n_2 = 1.5$ を例にとってグラフにしてみる（図 2.21）．図から明らかなように，s 偏光，p 偏光の振幅透過率はすべての入射角に対して正の値をとる．一方，振幅反射率は s 偏光では常に負であるが，p 偏光では特定の入射角 θ_0 で符号が変わる．この符号の変化は位相の変化を表しており，正の場合は位相変化が 0，負の場合は位相変化が π となる．一般に p 偏光で振幅反射率が 0 になる入射角 θ_0 をブリュースター角と呼んでいる．このとき $r_{\mathrm{p}} = 0$，すなわち

$$\tan(\theta_1 + \theta_2) = \infty \tag{2.74}$$

から

$$\theta_1 + \theta_2 = \frac{\pi}{2} \tag{2.75}$$

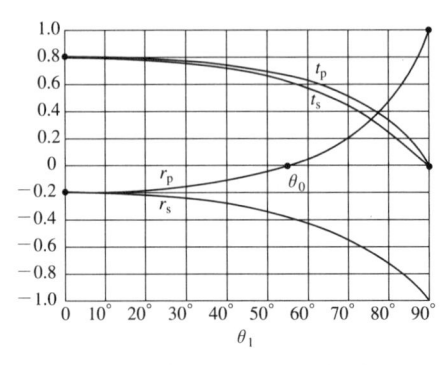

図 2.21 フレネルの振幅反射率および振幅透過率 ($n_1 = 1, n_2 = 1.5$)

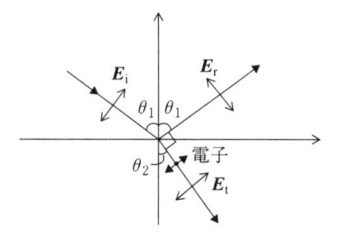

図 2.22 p 偏光のブリュースター角

となる．スネルの屈折の法則から

$$\frac{\sin\theta_1}{\sin\theta_2} = \frac{\sin\theta_1}{\cos\theta_1} = \tan\theta_1 = \frac{n_2}{n_1} \tag{2.76}$$

の関係が求まる．この関係式は誘電体の屈折率を求める際に利用される．すなわち大気中 ($n_1 = 1$) におかれた誘電体研磨面に p 偏光を入射させ，ブリュースター角を求めれば n_2 が求まる．ブリュースター角は電気双極子放射の考え方によっても求めることができる．

今，図 2.22 に p 偏光が媒質 2 に入射したときの電場の様子を示す．1.7 節で述べた電気双極子放射の理論によると，光の伝播に伴う放射強度は電子の振動方向ではゼロとなる．この振動方向が反射光の進行方向に一致すると p 偏光の反射はゼロになる．このとき幾何学的な関係から $\theta_1 + \theta_2 = \pi/2$ が求まり，式 (2.75) と一致するのでブリュースター角が得られる．ブリュースター角は直線偏光の生成にしばしば利用される．

垂直入射の振幅反射率と振幅透過率

$\theta_1 = 0$ のとき境界面に対して垂直に入射する光のフレネルの公式を求める．それぞれの式において $\theta_1 = \theta_2 = 0$ とおくと

$$r_s = r_p = \frac{n_1 - n_2}{n_1 + n_2} \tag{2.77}$$

$$t_s = t_p = \frac{2n_1}{n_1 + n_2} \tag{2.78}$$

が求まる．垂直入射では s 偏光と p 偏光の区別はなくなるので r_s と r_p は符号を含めて一致する．明らかに $n_1 < n_2$ の場合，垂直入射では反射光の位相は入射光に比べ π だけ変化することがわかる．逆に $n_1 > n_2$ では，反射光の位相は変化しない．透過光はいずれの場合でも屈折によって位相の変化はない．

[問 2.9.2]　式 (2.72) および (2.73) を導け．

2.9.3　強度の反射率と透過率

一般に，電磁波によって単位時間内に単位面積中を流れるエネルギーは，ポインティングベクトル S で与えられ

$$S = E \times H \tag{2.79}$$

である．光の強度はポインティングベクトルに垂直な単位面積を単位時間に通過するエネルギーと定義できる．1周期 (T_0) のポインティングベクトルの平均値を求める．光の強度は

$$\begin{aligned}
I &= \langle S \rangle \\
&= \frac{1}{T_0} \int_0^{T_0} |S| \, \mathrm{d}t \\
&= |E_0||H_0| \frac{1}{T_0} \int_0^{T_0} \sin^2(k \cdot r - \omega t + \alpha) \mathrm{d}t \\
&= \frac{|E_0||H_0|}{2} \\
&= \frac{|E_0|^2}{2\mu v}
\end{aligned} \tag{2.80}$$

と表せる．ここで，付録 II の式 (A.21)

$$H = \frac{1}{\mu v}(u \times E)$$

を用いた．

　強度反射率と強度透過率を求めるために，境界面の単位面積に入射する光の断面積と透過光の断面積を定義する．図 2.23 は境界面付近の光束の様子である．入射光束の断面積は $1 \times \cos\theta_1$，透過光束の断面積は $1 \times \cos\theta_2$ で与えられる．境界面での単位面積当たりの入射強度を I_i，反射強度を I_r，透過強度を I_t，断面 AB での光の強度を I_0 とすると，光の量は不変であるから

$$\begin{aligned}
I_\mathrm{i} \times 1 &= I_0 \times \cos\theta_1 \\
I_\mathrm{r} \times 1 &= I_{0\mathrm{r}} \times \cos\theta_1 \\
I_\mathrm{t} \times 1 &= I_{0\mathrm{t}} \times \cos\theta_2
\end{aligned} \tag{2.81}$$

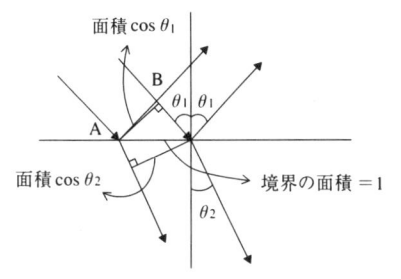

2.9 反射率と透過率（フレネルの公式） 39

図 2.23 境界面に対する入射光および透過光の断面積

の関係が成り立つ．ここで

$$I_0 = \frac{E_i^2}{2\mu_1 v_1} \qquad I_{0r} = \frac{E_r^2}{2\mu_1 v_1} \qquad I_{0t} = \frac{E_t^2}{2\mu_2 v_2} \qquad (2.82)$$

である．よって，境界面における単位面積当たりの入射光強度 I_i，反射光強度 I_r および透過光強度 I_t は，それぞれ

$$I_i = \frac{E_i^2 \cos\theta_1}{2\mu_1 v_1} \qquad (2.83)$$

$$I_r = \frac{E_r^2 \cos\theta_1}{2\mu_1 v_1} \qquad (2.84)$$

$$I_t = \frac{E_t^2 \cos\theta_2}{2\mu_2 v_2} \qquad (2.85)$$

と書ける．p 偏光の強度の反射率 R_p と透過率 T_p は，$\mu_1 = \mu_2$ とすると

$$R_p = \left(\frac{I_r}{I_i}\right)_p = \left(\frac{E_r}{E_i}\right)^2 = r_p^2 \qquad (2.86)$$

$$T_p = \left(\frac{I_t}{I_i}\right)_p = \left(\frac{E_t}{E_i}\right)^2 \frac{n_2 \cos\theta_2}{n_1 \cos\theta_1} = \frac{n_2 \cos\theta_2}{n_1 \cos\theta_1} t_p^2 \qquad (2.87)$$

となる．同様にして s 偏光の強度の反射率 R_s，透過率 T_s も

$$R_s = r_s^2 \qquad (2.88)$$

$$T_s = \frac{n_2 \cos\theta_2}{n_1 \cos\theta_1} t_s^2 \qquad (2.89)$$

となる．それぞれの式から

$$R_\mathrm{p} + T_\mathrm{p} = 1 \tag{2.90}$$

$$R_\mathrm{s} + T_\mathrm{s} = 1 \tag{2.91}$$

が導かれ，エネルギー保存則が成り立つことがわかる．$\theta = 0$，すなわち垂直入射では

$$R_\mathrm{p} = R_\mathrm{s} = \left(\frac{n_1 - n_2}{n_1 + n_2}\right)^2 \tag{2.92}$$

となる．$n_1 = 1$, $n_2 = 1.5$ では $R_\mathrm{p} = 0.04$ となる．すなわち，普通の誘電体物質の垂直反射率は 4 ％前後であることがわかる．

[問 2.9.3]　式 (2.90) および (2.91) を導け．

た第 3 章

幾何光学による結像

　前章までの議論で光の基本的な性質を学んだ．われわれの身近な光学機器には多くのレンズや反射鏡が用いられている．光学素子の結像性能は，光の位相情報が素子によってどのように伝達されていくかを計算すれば正確に求めることができる．しかしながら，像のでき方の理解やその位置を求める程度であれば，光線の幾何学的な性質のみを取り扱えば十分な場合が多い．

　2.5 節で述べたように，光線の進む経路はフェルマーの原理に従う．物体から出た光が像を形成するということは，物体のある点から出た光が様々な光路を通り，レンズや反射鏡によって再び像面上の一点で重ね合わされることである．正確な像を得る条件は，異なる光路の光学的距離（正確には位相）が等しいことである（1.4 節参照）．幾何光学では，光線の光学的距離が近似的に等しいとして議論が進められる．

3.1　球面による屈折

　光の屈折を利用し像を結ぶ素子としてレンズは最もポピュラーなものである．レンズの集光作用は古くから知られていたが，光学研磨技術の進歩によって最近ではその性能が理論限界に迫っている．

　屈折面を利用して光を収束させる様子を図 3.1 に示す．光源 S 側の媒質の屈

42   第 3 章 幾何光学による結像

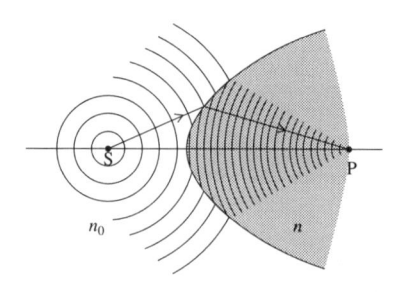

図 3.1 屈折による等位相面の変化 [9]

折率を n_0 とし，像点 P 側の媒質の屈折率を n とする．ただし，図では $n_0 < n$ として描いている．図には理解を助けるために等位相面を実線で示してある．点光源 S から出た発散球面波の光は，屈折率の異なる境界面で屈折し，収束球面波となって，像点 P に集光する．図には境界面で波面の状態が発散から収束に反転する様子が描かれている．

境界面で連続的に結ばれている等位相波面は屈折後像点 P に収束する．光源点 S から像点 P に至るすべての経路が等しい光学的距離をもてば理想的な結像となるが，そのような屈折面は実用化されていない．一般には球面で近似した屈折面が使われる．

ここでは，原理的な理解を深めるために屈折面が球面の場合の結像公式を求めてみる．結像に必要な要素として，物点，像点，屈折面の 3 つが上げられる．

3.1.1 凸の球面

一例として，図 3.2 に示すような入射光線に対して凸の境界面（屈折面）が半径 r_1 の球面をもつ 2 つの異なる媒質における屈折を考える．それぞれの媒質の屈折率を n_0 と n とする（$n_0 < n$）．簡単のために物点 (O)，像点 (I)，球の中心 (C) がひとつの直線上（光軸：x 軸）にあるものとし，屈折面と光軸との交点を頂点 V とする．結像の式を求めるに際して，いくつかの符号の取り決めをしておく必要がある．

1. 入射光線は左側から入射するとする．

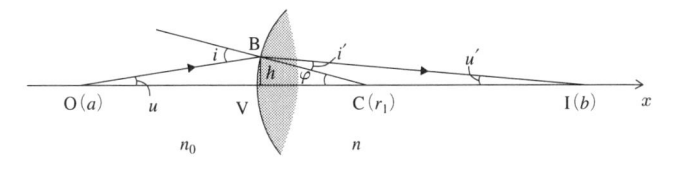

図3.2 凸球面による屈折

2. 物体の位置を表す距離は境界面より左側にある場合は正，右側にある場合は負とする．
3. 像の位置を表す距離は境界面より右側にある場合は正，左側にある場合は負とする．
4. 入射光線に対して凸の球面の半径の符号は正，凹の球面の場合は負とする．

　光軸上の物点 O からの光線が球面上の点 B で屈折し，光軸上の点 I で像を結ぶとする．物点が原点より右側になったり，像点が左側になったりすることもあるが，符号の取り方を約束通りに忠実にとれば混乱は生じない．屈折面の入射点 B の座標 h（y軸）は x 軸より上方なら正，下方なら負とする．入射光線と屈折光線が光軸となす角度（鋭角）をそれぞれ u, u' とし，境界面における入射角，屈折角を i および i' とする．u および u' の符号は形式的に座標の符号を基にして決める．このように定義した角を一般に角度 α（ラジアン）で表したとき

$$\tan \alpha \approx \sin \alpha \approx \alpha \tag{3.1}$$

と近似できるような光線群を近軸光線と呼ぶ．

　結像公式を導く際に必要な要素として，物点と像点の位置および境界面の曲率半径が関係することは直観的に理解できる．すなわち，3つの三角形 ΔOVB，ΔIVB，ΔCVB に注目する．図 3.2 からもわかるように，これらの3つの要素を結び付ける点として境界面上の入射点 B がある．それぞれの位置と B 点との関係は，近軸光線近似を用いると

$$\varphi \approx \tan \varphi = \frac{h}{r_1} > 0 \tag{3.2}$$

$$u \approx \tan u = \frac{h}{a} > 0 \tag{3.3}$$

$$u' \approx \tan u' = \frac{h}{b} > 0 \tag{3.4}$$

と表せる.ここでφは半径BCと光軸とのなす角度である.点Bから光軸に垂直に下した線分と光軸との交点は厳密には頂点Vには一致しない.近軸光線近似では,簡単のためにこの2つの点が一致するとして計算を行う.

次に,スネルの法則から

$$n_0 \sin i = n \sin i' \tag{3.5}$$

さらに,入射角と屈折角は

$$i = |\varphi| + |u| = \varphi + u \tag{3.6}$$
$$|\varphi| = i' + |u'| = i' + u' \tag{3.7}$$

と書けるので,式(3.5)から

$$n_0 i \fallingdotseq n i'$$

の近似を利用すると

$$n_0(\varphi + u) = n(\varphi - u') \tag{3.8}$$

$$n_0 \left(\frac{h}{r_1} + \frac{h}{a} \right) = n \left(\frac{h}{r_1} - \frac{h}{b} \right) \tag{3.9}$$

となる.物点と像点の位置が境界面の曲率半径とどのような関係にあるかを見るには,式を変形した

$$\frac{n_0}{a} + \frac{n}{b} = \frac{n - n_0}{r_1} \tag{3.10}$$

の方がわかりやすい.得られる像は,物点から広がった光が境界面(屈折面)によって曲げられ一点に収束してできる.この位置にスクリーンをおくと集光点が輝いて見える.このような像を実像と呼んでいる.

ここまで議論してきて得られた結像の式は,2.2節の光路の可逆性(相反性)を使うと光が全く同じ逆の経路を通っても成り立つことがわかる.すなわち,像点Iから出た光は物点Oに収束する.

[問 3.1.1] 図のように，片面が曲率半径 $r(>0)$ の凸面，屈折率 $n(>1)$ の媒質が大気中においてある．光軸上左方に光源があるとする．光源が左方無限遠から端面に向かって移動してきた場合，像の位置はどのように変わるか．式 (3.10) を利用し，光線を描いて説明せよ．

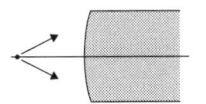

3.1.2 凹の球面

図 3.3 に示すような入射光線に対して境界面が凹面の場合も，同様な取り扱いで結像公式が導かれる．ただし，この場合の曲率半径 r_2 の符号は負となり，その他の記号は図 3.2 の場合と同じ取り方をする．凹面上の入射点 B，物点 O，凹面の中心 C および像点 I で構成される幾何学的な関係とスネルの法則 ($n_0 \sin i = n \sin i'$) を用いる．

注目する 3 つの三角形の角度は

$$\varphi \approx \frac{h}{r_2} < 0 \tag{3.11}$$

$$u \approx \frac{h}{a} > 0 \tag{3.12}$$

$$u' \approx \frac{h}{b} < 0 \tag{3.13}$$

と表され

$$i = |\varphi| - |u| = -\varphi - u \tag{3.14}$$

$$i' = |\varphi| - |u'| = -\varphi + u' \tag{3.15}$$

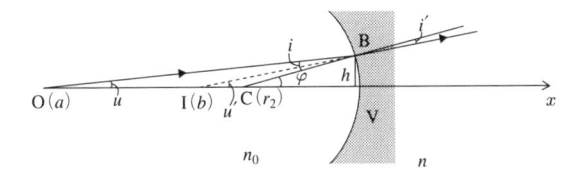

図 3.3　凹球面による屈折

の関係とスネルの法則から

$$n_0 \left(-\varphi - u\right) = n \left(-\varphi + u'\right) \tag{3.16}$$

$$n_0 \left(-\frac{h}{r_2} - \frac{h}{a}\right) = n \left(-\frac{h}{r_2} + \frac{h}{b}\right) \tag{3.17}$$

$$\frac{n_0}{a} + \frac{n}{b} = \frac{n - n_0}{r_2} \tag{3.18}$$

が導かれる．形式的には凸の球面の場合と同じ式になる．しかしながら，図から明らかなように像は収束せず，光は屈折面を介して点 I から広がってきたかのように伝播する．このような像 I を虚像と呼ぶ．

[問 3.1.2] 端面が凹面の場合について問 3.1.1 と同様な議論をせよ．また，像点を右側媒質中無限遠に生じさせるためには，物点をどこにおけばよいか．

3.2 薄レンズの結像式

前節で述べたように，球面の屈折面を利用すると実像あるいは虚像が容易に得られる．よく知られているように，望遠鏡や顕微鏡，カメラやコピー機等，光学機器の取り扱う対象は実に様々で，目的に応じてレンズ設計をする必要がある．レンズの形はいろいろなものが考えられるが，一般的に厚みを無視できるレンズを総称して薄レンズと呼んでいる．薄レンズには，中心部が周辺より厚い凸レンズと中心部が周辺より薄い凹レンズに分けられる．薄レンズの結像公式を求めてみよう．

3.2.1 凸レンズ

議論を簡単にするために，図 3.4 に示すように一様な媒質中（屈折率 n_0）におかれたレンズ（屈折率 n）を考える．屈折率の大きさは $n > n_0$ とし，レンズの入射側の曲率半径を $r_1 (>0)$，出射側の曲率半径を $r_2 (<0)$ とする．

物点 O の位置を a，第 1 屈折面による像点 I_1 の位置を a' とする．単一球面の結像の式から

$$\frac{n_0}{a} + \frac{n}{a'} = \frac{n - n_0}{r_1} \tag{3.19}$$

3.2 薄レンズの結像式

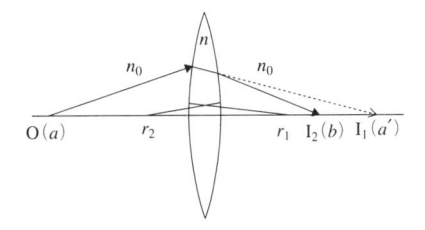

図 3.4 凸レンズによる光軸上物点の結像

となる．次に，第 2 屈折面に対しては像点 I_1 を物点とみなして計算を進める．点 I_1 の位置を a' で表し，最終的な像点 I_2 の位置を b とすると，第 2 屈折面における結像の式は，符号のとり決めの条件 2. より，物体が屈折面の右側にあるとしてマイナスの符号をつけ

$$\frac{n}{-a'} + \frac{n_0}{b} = \frac{n_0 - n}{r_2} \tag{3.20}$$

となる．上の 2 つの式を両辺とも加え合わせると

$$\frac{n_0}{a} + \frac{n_0}{b} = (n - n_0)\left(\frac{1}{r_1} - \frac{1}{r_2}\right) \tag{3.21}$$

となる．$a \to \infty$ のとき（平行な入射ビーム），b は一定の値に近づくので，その値を f' と表すと

$$\frac{n_0}{f'} = (n - n_0)\left(\frac{1}{r_1} - \frac{1}{r_2}\right) \tag{3.22}$$

となる．f' を像焦点距離と呼び，その位置を像焦点という．同様に $b \to \infty$ のとき

$$\frac{n_0}{f} = (n - n_0)\left(\frac{1}{r_1} - \frac{1}{r_2}\right) \tag{3.23}$$

となる．f を物体焦点距離と呼び，その位置を物体焦点という．今の場合，f と f' は正で等しい．レンズの周辺が空気の場合，$n_0 = 1$ とすると，レンズの焦点距離は

$$\frac{1}{f} = (n - 1)\left(\frac{1}{r_1} - \frac{1}{r_2}\right) \tag{3.24}$$

で与えられる．さらに，式 (3.21) より

$$\frac{1}{a} + \frac{1}{b} = \frac{1}{f} \tag{3.25}$$

が得られる．この式はレンズの結像公式として用いられる．

[問 3.2.1]　大気中におかれた凸レンズの結像を考える．レンズの屈折率は 1.5, r_1, r_2 の半径 はそれぞれ 20cm と −20cm とする．

(1) このレンズの焦点距離を求めよ．

(2) 光源を光軸上，レンズの左 100cm からレンズ端面まで移動させる．光源の位置を x 座標（100cm から 0cm まで），像の位置を y 座標として両者の関係を図示せよ．

3.2.2　凹レンズ

凹レンズの結像公式も凸レンズと全く同じ考え方で導くことができる．凹レンズの場合，レンズの入射側の曲率半径 r_1 は負，出射側の曲率半径 r_2 は正であることに注意しなければならない．凸レンズの場合と同様な記号を用いて，$a \to \infty$ のとき

$$\frac{n_0}{f'} = (n - n_0)\left(\frac{1}{r_1} - \frac{1}{r_2}\right) \tag{3.26}$$

が得られる．ここで $(n - n_0) > 0$, $r_1 < 0$, $r_2 > 0$ から，像焦点距離 f' が負になることがわかる．すなわち，像焦点はレンズの左側にある．同様にして，物体焦点距離 f も負となり，物体焦点はレンズの右側になる．レンズの周辺が空気のとき $(n_0 = 1)$，凸レンズと全く同じ焦点距離と結像の式

$$\frac{1}{f} = (n - 1)\left(\frac{1}{r_1} - \frac{1}{r_2}\right) \tag{3.27}$$

$$\frac{1}{a} + \frac{1}{b} = \frac{1}{f} \tag{3.28}$$

が得られる．

[問 3.2.2]　大気中におかれた図のような凹レンズの結像を考える．レンズの屈折率は 1.5，前面は平面とし，後面は曲率半径 r を 20cm とする．

(1) このレンズの焦点距離を求めよ．

(2) 物体がレンズの左端面から左側 100cm にあるとき，その像はどの位置に生じるか．実像か虚像かも示せ．

3.2.3 軸上にない物体の結像

これまで述べてきた結像の関係式は，光軸上にない物点に対しても，近軸光線近似が成り立つような場合には有効である．上に述べた特別な光線を利用すれば，作図によって像を求めることができる．これまでの議論から次の3つの光線の利用が便利である．

(a) レンズの中心を通る光線はそのまま直進する．
(b) 光軸に平行な入射光線はレンズを通った後に像焦点を通る．
(c) 物体焦点を通る光線はレンズを通った後に光軸に平行に進む．

これらのうち，2つの光線の進み方を利用すれば作図によって容易に像の位置が決定できる．凸レンズの場合，物体の距離によって極端に異なる像が得られる．

図 3.5 (a) は物体が物体焦点より左側にある場合で，得られる像は倒立の実像になる．物体の位置が物体焦点よりレンズに近い場合，(b) のように正立の虚像ができる．これらの像の横倍率（光軸に垂直な方向）は像の長さの変化で表される．元の物体の長さを l，像の長さを l' とすると，横倍率 M は

$$\begin{aligned} M &= l'/l \\ &= b/a \\ &= f/(a-f) \\ &= (b-f)/f \end{aligned} \tag{3.29}$$

と表される．

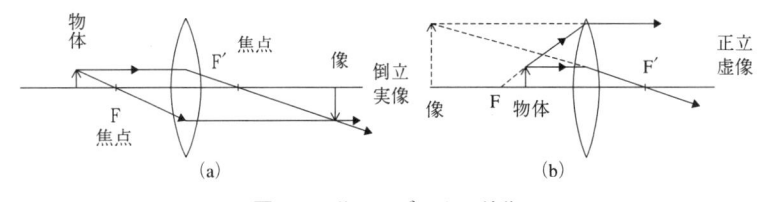

図 3.5　凸レンズによる結像

50　第3章　幾何光学による結像

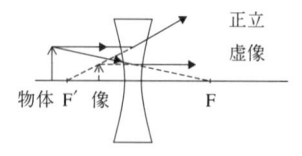

図 3.6　凹レンズによる結像

凹レンズの場合にも，光軸近辺の物体の像は代表的な光線を利用して作図で得られる．凹レンズによる結像の様子を図3.6に示す．図からも明らかなように，物体の位置が凹レンズの左側にある場合，像はすべて虚像になる．凹レンズによる像の横倍率も，焦点距離の符号を考慮すれば凸レンズと同じ式で表される．

[問 3.2.3]　①焦点距離30cmの凹レンズの結像を考える．凹レンズの左側15cmの位置に長さ5cmの棒を立てておく．棒の像の位置と長さを求め，作図で確かめよ．
②厚さd，屈折率nの透明な平行平板が空気中におかれているとする．板の左片面から左方aの距離に物体をおいたとき，板を透過して見える物体の像はどこにできるか．

3.3　薄レンズの組み合わせ

一般の光学系は通常複数のレンズを組み合わせて使う場合が多い．特に高い分解能を要求される顕微鏡や広い視野をゆがみの少ない画像として記録したいカメラなどでは，収差（像のゆがみ）を少なくするために複数のレンズを組み合わせて使う．

2つのレンズを組み合わせた場合の結像の様子を見てみよう．図3.7に示すように，レンズ①の焦点距離をf_1，レンズ②の焦点距離をf_2とし，2つのレンズ間の距離をdとする．それぞれのレンズの中心位置を原点として結像式を表すと

$$\frac{1}{a_1} + \frac{1}{b_1} = \frac{1}{f_1} \tag{3.30}$$

3.3 薄レンズの組み合わせ

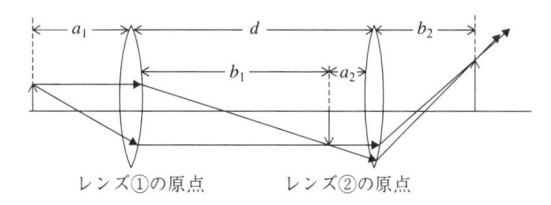

図 3.7 組み合わせレンズによる結像

$$\frac{1}{a_2} + \frac{1}{b_2} = \frac{1}{f_2} \tag{3.31}$$

$$d = b_1 + a_2 \tag{3.32}$$

の関係が成り立つ．ここで添字 1, 2 はレンズ①，②に対応する．$a_1 \to \infty$ のとき組み合わせレンズ系の像空間焦点 F′ が求まる．このときの像の位置を $b_2 = b_\mathrm{F}$ として

$$b_\mathrm{F} = \frac{f_2(f_1 - d)}{f_1 + f_2 - d} \tag{3.33}$$

同様にして $b_2 \to \infty$ のとき物空間焦点 F が求まる．このときの物体の位置を $a_1 = a_\mathrm{F}$ として

$$a_\mathrm{F} = \frac{f_1(f_2 - d)}{f_1 + f_2 - d} \tag{3.34}$$

が求まる．

次に，組み合わせレンズによる倍率 1（符号を含めて）の物点および像点の位置（主点）を求めてみる．後述するように，主点は組み合わせレンズ系では非常に重要な役割をする．倍率 1 の条件は

$$\frac{b_1}{a_1} \times \frac{b_2}{a_2} = 1 \tag{3.35}$$

である．上の 4 つの式 (3.30), (3.31), (3.32), (3.35) を用いて a_1 および b_2 を求めると

$$a_1 = \frac{-f_1 d}{f_1 + f_2 - d} (= a_\mathrm{H}) \tag{3.36}$$

$$b_2 = \frac{-f_2 d}{f_1 + f_2 - d} (= b_\mathrm{H}) \tag{3.37}$$

が得られる．それぞれの点を $a_1 = a_\mathrm{H}$, $b_2 = b_\mathrm{H}$ とおいて物空間主点および像空間主点と呼ぶ．それぞれの主点から光軸に垂直に立てた面を主面と呼ぶ．

物空間主面上の物点の像は像空間上の主面にあり，組み合わせレンズ系による倍率が 1 なので，光軸からの距離（高さ）は符号（正負）も含めて等しくなる．

a_F, a_H および b_F, b_H の間には

$$a_F - a_H = b_F - b_H = \frac{f_1 f_2}{f_1 + f_2 - d} \qquad (3.38)$$

の関係があり，この値を組み合わせレンズ系の合成焦点距離 f とすると

$$\frac{1}{f} = \frac{1}{f_1} + \frac{1}{f_2} - \frac{d}{f_1 f_2} \qquad (3.39)$$

の関係が求まる．さらに，物点および像点の位置座標を主点を原点として書き直すために

$$\begin{aligned} a &= a_1 - a_H \\ b &= b_2 - b_H \end{aligned} \qquad (3.40)$$

として結像式を求めてみる．式 (3.32) にレンズ①およびレンズ②の結像公式 (3.30)，(3.31) を使って，a_1 および b_2 の式を代入すると

$$d - \frac{f_1 a_1}{a_1 - f_1} = \frac{f_2 b_2}{b_2 - f_2} \qquad (3.41)$$

となる．この式に $a_1 = a + a_H$ および $b_2 = b + b_H$ を代入して整理し，a_H の式 (3.36) と b_H の式 (3.37) を代入し，整理すると

$$ab(f_1 + f_2 - d) = (a + b)f_1 f_2 \qquad (3.42)$$

が求まる．合成焦点距離 f の式 (3.39) を用いると

$$\frac{1}{a} + \frac{1}{b} = \frac{1}{f} \qquad (3.43)$$

となり，一般の単一レンズの結像公式と同じ形式で表される．主点および合成焦点の位置が決まれば組み合わせレンズ系における結像が作図によって容易に求まる．

例として図 3.8 の場合を見てみよう．ここでは $f_1 + f_2 > d$ の場合を示している．F_1, F_1', F_2, F_2' は 2 つのレンズのそれぞれの焦点，F, F' は合成焦点，H_1 および H_2 は主点とする．物体 AB の結像を考える．A から光軸に平行に進む光は，同じ高さの像空間主面上 H_2' に進むとし，その点から合成焦点 F'

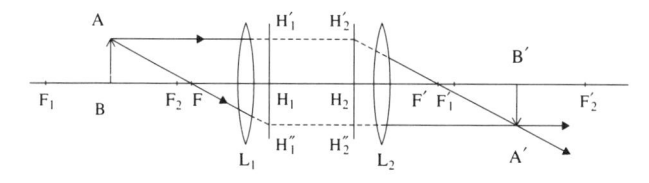

図 3.8 主面を利用した結像の作図

を通るとする．一方，A から合成焦点 F を通った光は，物空間主面上の点 H_1'' を通り光軸に平行に進むとする．2 つの光線の交点が像点 A′ になる．

[問 3.3] ① 物空間主点 a_H の式 (3.36) および組み合わせレンズの結像公式 (3.42) を導け．

② 組み合わせレンズの主点は必ずしも 2 つのレンズの中間にあるとは限らない．例として，$f_1 = 35$mm の凸レンズと $f_2 = -25$mm の凹レンズを $d = 20$mm 離した組み合わせレンズの主点を求め，そのことを確かめよ．

3.4 球面による反射

プリズムの項で述べたように，ガラスやプラスチックは波長によって屈折率が異なる．そのため，単レンズでは白色光に対し色収差（3.8 節参照）が生じてしまう．反射鏡は波長の異なる光に対して色収差はない．点光源の理想的な結像は図 3.9 に示すような回転楕円鏡で実現できる．点光源が遠方とみなせる場合は図 3.10 のような放物面鏡（パラボラ）が使われる．これらの非球面鏡は加工の難しさから一般的ではない．反射鏡の場合も，非球面を球面に近似して光学系を構成することが多い．以下では代表的な球面鏡である凹面鏡と凸面鏡について結像公式を求める．

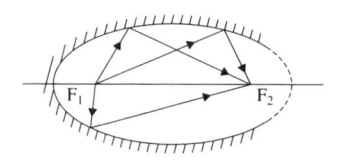

図 3.9 楕円鏡による反射

54　第3章　幾何光学による結像

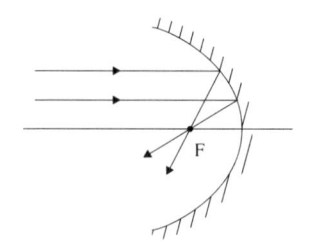

図 3.10　放物面鏡による反射

3.4.1　凹面鏡

凹面鏡は凸レンズと同じような結像特性を有している．ただし，反射を用いているので反射後は光の進む向きが逆になる．レンズの結像公式の形式に合わせるために次のような符号の修正を行う．修正は凸面鏡にも適用できる．

1) 反射鏡から物体および像までの距離（a および b）は左側（鏡の前側）を正とする．すなわち，反射鏡の右側（鏡の後側）は負とする．
2) 入射光線に対して凹面鏡の半径の符号は正，凸面鏡では負とする．

図 3.11 の記号を利用して結像公式を求めてみよう．3つの三角形 △OBV，△CBV，△IBV に注目すると

$$\begin{aligned}\varphi &= \frac{h}{r} > 0 \\ u &= \frac{h}{a} > 0 \\ u' &= \frac{h}{b} > 0\end{aligned} \quad (3.44)$$

角度の関係より

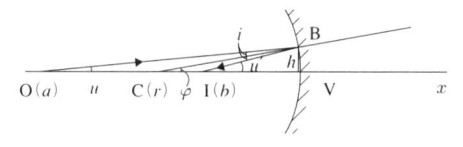

図 3.11　凹面鏡による反射

$$|u| + |i| = |\varphi|$$
$$|\varphi| + |i| = |u'| \tag{3.45}$$

よって
$$u + u' = 2\varphi \tag{3.46}$$

式 (3.44) より
$$\frac{1}{a} + \frac{1}{b} = \frac{2}{r} \tag{3.47}$$

となる．これが凹面鏡の結像公式である．$a \to \infty$ のとき b は一定の値，すなわち焦点距離 f
$$f = \frac{r}{2} \tag{3.48}$$

が求まる．レンズと同様に，軸外の物体に関しても，軸に近ければ次のような特別な光線の利用によって，像の位置が決定できる．

1) 光軸に平行な光線は，反射後，焦点を通る．
2) 焦点を通った光線は，反射後，光軸に平行に進む．
3) 球面の曲率中心を通った光線は，反射後，再び曲率中心を通る．
4) 光軸と反射面との交点に入射した光線は光軸に対して対称に反射する．

これらの関係を使うと，図 3.12 のような場合に結像が作図によって容易に求まる．凹面鏡の場合，物体が焦点より右側にあれば正立の虚像になる．拡大率 M は
$$M = \frac{b}{a} \tag{3.49}$$

で表される．

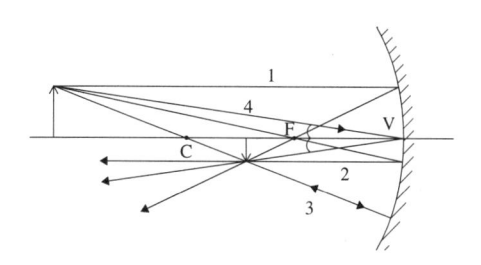

図 **3.12** 凹面鏡による結像

56　第3章　幾何光学による結像

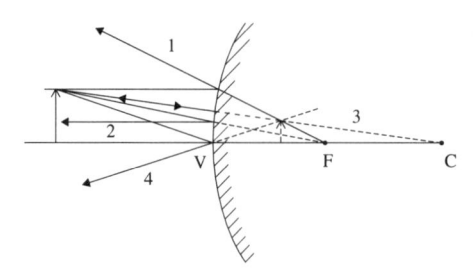

図 3.13　凸面鏡による結像

[問 3.4.1]　物体が無限遠から凹面鏡の端面まで移動するとき，像のできる位置とその性質（正立，倒立，実像，虚像）を述べよ．

3.4.2　凸　面　鏡

凸面鏡による結像の公式も凹面鏡と同じ形式で表される．注意すべき点は，焦点距離 f が負となることである．物体が反射面の左側にあれば，どの位置にあっても像は虚像になる．図 3.13 に作図による結像の様子を示す．図から明らかなように，得られる虚像は物体より必ず小さくなる．

[問 3.4.2]　凸面鏡の反射面側におかれた物体の像はすべて虚像になる．凸面鏡によって実像が得られるのはどのような位置に物体があるときか．（虚物体）

3.5　球面鏡の組み合わせ光学系（反射望遠鏡）

反射を利用した光学系は異なる波長による像のボケ（色収差）がなく，軽量で大型の反射鏡が可能なので，天体観測用の大型望遠鏡に使われている．最近では，わが国の国立天文台がハワイ島に建設した直径 8m の大型反射望遠鏡「すばる」が有名である．

反射望遠鏡の代表的な光学系（カセグレン式）の例を図 3.14 に示す．入射光を最初に受ける反射鏡を主鏡（M_1）と呼び，その反射光を受ける反射鏡を副鏡（M_2）と呼んでいる．主鏡は凹の放物面，副鏡は凸の双曲面形状をもっている．2つの反射鏡による像の位置は，それぞれの反射面を球面鏡に置き換

3.5 球面鏡の組み合わせ光学系（反射望遠鏡）

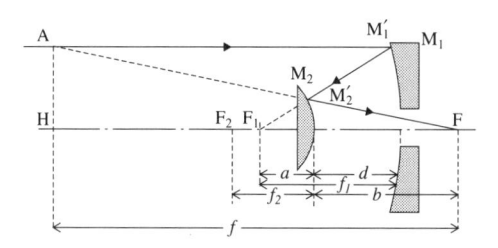

図 3.14 カセグレン式反射望遠鏡の焦点距離[9]

えて求めることができる．前節の問にあるように，主鏡によって反射された光が副鏡の焦点より内側に入射するように進めば，副鏡の反射によって実像を結ばせることができる．副鏡が視野をさえぎるように感じられるが，実際には入射光量が若干減少するだけで視野や像の質への悪影響はあまりない．

この光学系の利点は，副鏡の焦点距離を変えることによって，像の位置を自由に設定できるところである．さらに，この光学系は観測者が観測方向を正面にして操作できる便利さがある．副鏡の焦点距離 f_2 は，副鏡から主鏡の焦点 F_1 までの距離 a と副鏡から合成焦点 F までの距離 b を用いると，虚物体の位置 $(= -a)$ を考慮して

$$f_2 = \frac{ab}{a-b} \tag{3.50}$$

と表せる．

[問 3.5] 図 3.14 の反射望遠鏡光学系で像点 F と副鏡の反射点 M_2' を結ぶ線を延長して入射光線と交わる点を A とし，A から光軸に垂直に下ろした直線との交点を H とする．FH $= f$（合成焦点距離 $= f_1 f_2 / (f_1 + f_2 - d)$）となることを以下の手順で証明せよ．

入射光線と M_1 ミラーとの交点を M_1' とし，M_1', M_2' の点から光軸に対して垂直に下ろした直線と光軸との交点を M_1'', M_2'' とする．$M_1'M_1'' = h$, $M_2'M_2'' = h'$ として h' と h との間に成り立つ関係式を求め，FH $= f$ となることを導け．計算には，$a + d = f_1$ およびミラー M_2 の結像関係式 (3.50) を利用せよ．

3.6 代表的なレンズ系

レンズを利用した光学系は，画像を取り扱う光学機器のほとんどのものに採用されている．ここでは，最も基本的なレンズ系のいくつかの例を取り上げる．

3.6.1 眼

われわれの最も身近なレンズ系の代表は眼である．眼の構造を単純化すると凸レンズの役割をする水晶体と検出器（スクリーン）に相当する網膜からなる（図 3.15）．水晶体は毛様筋によって焦点距離が変えられる．物を見るとき，眼が疲れないで見やすい距離を明視の距離と呼び，おおよそ 25cm とされている．この付近におかれた物は，水晶体よって倒立像を網膜上に結ぶ．網膜上に写った像は視神経を通じて大脳に送られ，物として認識される．図に示すように，物体を眼に近づけると元の物体を見込む角 (θ_d) に比べ，見込み角 (θ) が大きくなる．肉眼の倍率 M（角倍率）は

$$M = \theta/\theta_d \tag{3.51}$$

と定義されるが，物体があまり近くなると像がボケて見にくくなる．眼の解像力（2 点間の距離がどの程度の細かさまで分離して見えるかの能力）は，人によるが $10\mu m$ 程度であろう．

眼は水晶体の形を変えながら焦点距離を変化させピント合わせをする．ところが，近視の人の場合には，図 3.15 (b) に示したように，遠くを見たとき像が網膜より内側にできピンボケの状態になってしまう．そこで (c) のように凹レンズを眼の前におくことによって網膜上に像のピントが合うようにする．この凹レンズが近視用のメガネである．水晶体と凹レンズは一種の組み合わせレンズで，凹レンズは遠くの物体の虚像を近くに作り，その像を水晶体（眼）で網膜上に写していることになる．遠視の人は肉眼では像が網膜の外側にできてしまうので，凸レンズをメガネとして使う．

[問 3.6.1] ある人が裸眼ではっきり見える最も近い距離が 100cm とする．眼を単レンズと仮定し，網膜までの距離を 2cm とする．以下の問に答えよ．

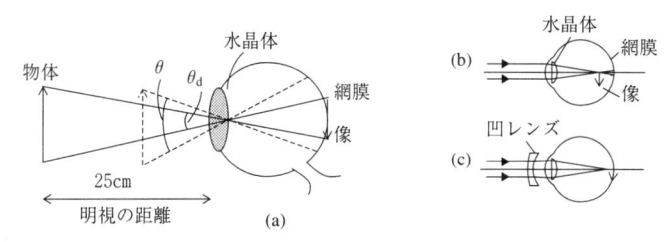

図 3.15　(a)眼のモデルと角倍率, (b)近視, (c)メガネの原理 [1]

(1) 100cm 離れた物体を見るときの眼（レンズ）の焦点距離はいくつか．
(2) 25cm の距離にある物体がよく見えるようになるためにはどのような焦点距離をもつレンズが必要か．

3.6.2　虫メガネ

虫メガネはレンズの利用の仕方としては最も単純な使い方であるが，組み合わせレンズを理解するのにとてもわかりやすい光学系である．図 3.16 (a) を参照しながら，拡大像の見え方を見てみよう．物体は虫メガネの焦点距離よりややレンズ側におく．そうすると拡大された虚像がより後方にできる（像 $A'B'$）．その拡大像と眼との間を明視の距離にして観察する．虚像は網膜に実

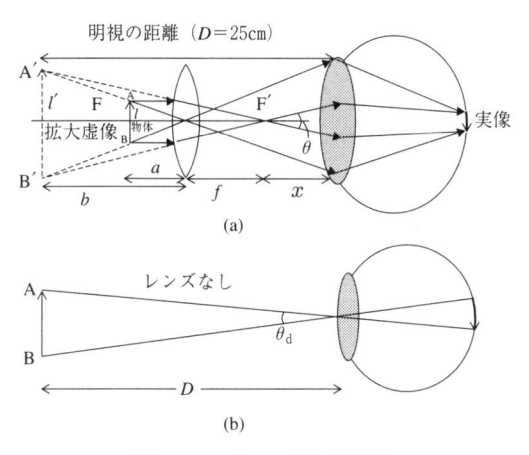

図 3.16　虫メガネと角倍率

像となって結像する．虫メガネを使ったときの拡大率 (M) は，図 3.16 (b) に示す明視の距離におかれた物体をレンズなしで見込む角 (θ_d) と拡大像を見込む角 (θ) を用いて

$$M = \tan\theta / \tan\theta_d = \frac{l'/(D-x)}{l/D} \tag{3.52}$$

と表される．$x = 0$ と近似できるとき

$$M = l'/l = b/a = (b-f)/f = -D/f \tag{3.53}$$

となり，虫メガネの焦点距離で拡大率が決まる．しかしながら，レンズの収差（後述）等によるボケのため，拡大率を上げてもあまり解像力は向上しない．

[問 3.6.2] 眼を虫メガネにぴったりとつけて物体を観察する場合，拡大率はどのように表されるか．

3.6.3 望遠鏡

望遠鏡は天文学や宇宙物理学の研究には欠かせない道具である．最近は人工衛星に搭載され宇宙空間でも重宝に使われている．一般に使われている望遠鏡の光学系は主として組み合わせレンズ系が用いられている．望遠鏡の性能は理論的にはレンズの口径の大きさで決まる．レンズを利用する場合，口径をあまり大きくすると重量が増して望遠鏡の操作が困難になる．そのため，口径が 1m を超えるような望遠鏡ではミラーを利用した反射光学系が主に使われる．ここでは，原理的な理解のためにレンズ系の望遠鏡について述べる．望遠鏡の基本的な光学系は図 3.17 に示すように比較的焦点距離 (f_1) の長い凸レンズ（対物レンズ）と短い焦点距離 (f_2) の凸レンズ（接眼レンズ）の組み合わせからなる．

2 つのレンズの間の距離 d は，近似的に

$$d = f_1 + f_2 \tag{3.54}$$

となるようにする．遠方にある物体 AB は対物レンズの焦点位置に倒立の実像をつくる．この実像の位置が接眼レンズの焦点位置より少しレンズ側にあれば虚像 A″B″ が形成される．対物レンズの位置から物体を見たときの視角

3.6 代表的なレンズ系　61

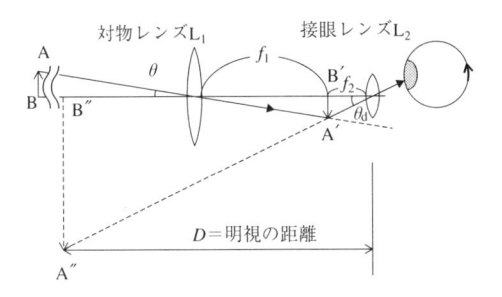

図 3.17 望遠鏡と角倍率

を θ，接眼レンズを通してみた虚像の視角を θ_d とすると，角倍率 M は

$$M = \frac{\theta_d}{\theta} \simeq \frac{\tan\theta_d}{\tan\theta} = \frac{A'B'}{f_2} \Big/ \frac{A'B'}{f_1} = \frac{f_1}{f_2} \tag{3.55}$$

と表され，対物レンズと接眼レンズの焦点距離の比で与えられる．

[問 3.6.3]　望遠鏡光学系の接眼レンズを凹レンズ（焦点距離 $f_2(<0)$）に換えると正立像が得られる（ガリレオ型望遠鏡）．どの位置に凹レンズをおけばよいか．

3.6.4　顕微鏡

顕微鏡は目に見えないミクロな世界を観察できる光学機器で，医学，生物学，工学等あらゆる分野で利用されている．顕微鏡光学系の基本構成は図 3.18 に示すように，焦点距離 (f_1) の極めて短い凸レンズ（対物レンズ）と比較的焦点距離 (f_2) の短い凸レンズ（接眼レンズ）とからなる．物体 AB は対物レンズの前側焦点よりわずかに外側におかれ，接眼レンズの前側焦点近辺に倒立の実像 A'B' となる．この実像を接眼レンズで拡大して虚像 A″B″ として観察する．

対物レンズの倍率を m_1，接眼レンズの倍率を m_2 とすると，顕微鏡の倍率 M は

$$M = m_1 m_2 \tag{3.56}$$

で与えられる．m_1 は δ を光学筒長とすると

$$m_1 = \delta/f_1 \tag{3.57}$$

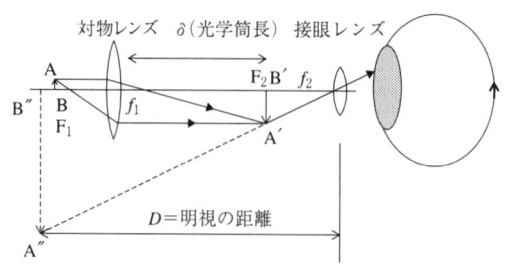

図中ラベル: 対物レンズ　δ（光学筒長）　接眼レンズ
A, F_2, B', f_2, B'', B, f_1, F_1, A', $D=$ 明視の距離, A''

図 3.18 顕微鏡の倍率

m_2 は明視の距離 D を用いると

$$m_2 = D/f_2 \tag{3.58}$$

なので

$$M = D\delta/f_1 f_2 \tag{3.59}$$

と表される．すなわち，倍率は 2 つのレンズの焦点距離の積に反比例する．

[問 3.6.4] 顕微鏡の対物レンズと接眼レンズの焦点距離が両方とも 20mm とする（凸レンズ）．物体を対物レンズから 22mm の距離においたときの第一の像の位置を求めよ．次にこの顕微鏡の倍率を求めよ．ただし明視の距離 $D = 250$mm とする．

3.6.5　カメラ

われわれが日常的に便利に利用しているものにカメラがある．カメラの光学系は構造で分けると一眼レフカメラとレンズシャッターカメラに分類できる．それぞれの構造を図 3.19 (a) と (b) に示す．一眼レフカメラはフィルム面（検出面）とほぼ等しい構図をファインダーで確認できるように，撮影レンズ系の光路にミラーを挿入し，光を直角に跳ね上げて焦点板に結像する．

ミラーから焦点板までの距離はミラーからフィルムまでの距離と等しくしてある．焦点板の像はペンタプリズムを通ってファインダーレンズで観察される．写真撮影の際はミラーが跳ね上げられフィルムに露光される．ペンタプリズムは焦点板の像をファインダーの光軸上にあわせるためのものである．

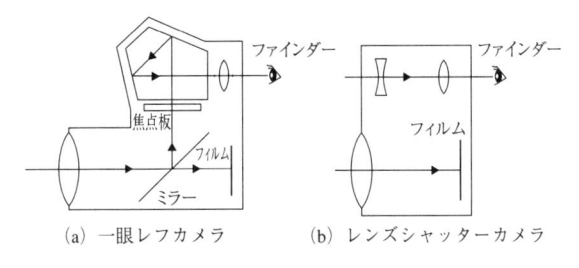

3.6 代表的なレンズ系

(a) 一眼レフカメラ (b) レンズシャッターカメラ

図 3.19 カメラ光学系 [1)]

レンズシャッターカメラはファインダー光学系と撮影レンズ系が分離されており，ピントの正確な確認はできない．このタイプのカメラはレンズの口径を小さくして焦点深度を大きくするなどの工夫をしている．撮影レンズ系は露光時間を短くするためになるべく明るい光学系であること，そして像のゆがみが少ないことなど実用的な厳しい要求があるため，通常は複数のレンズを組み合わせて作られている．

カメラレンズの明るさを表す目安として F ナンバーが使われる．F ナンバーはレンズ絞りの直径 d と焦点距離 f を使って

$$F = \frac{f}{d}$$

で定義される．慣習として，例えば F ナンバー 1.4 のレンズを $f/1.4$ と表すこともある．

[問 3.6.5] カメラのズームレンズは焦点距離を変えることができるように，図のような凸レンズと凹レンズの組み合わせが用いられる．凸レンズの焦点距離 $f_1 = 35$mm，凹レンズの焦点距離 $f_2 = -25$mm と両者の距離を d とする．$d = 20$mm および 28mm としたときの合成焦点距離と像面（焦平面）までの距離 x を求めよ．

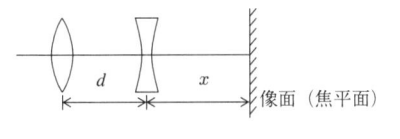

3.7 レンズの収差（ザイデルの5収差）

これまで議論してきたレンズあるいは反射鏡による結像は，光軸近辺の物体に限ってきた．この場合には，これまでの近似計算がよく成り立ち，理想的な像を得ることが可能であった．しかしながら，実際の光学系では，近軸計算による理想的な像の位置がずれたり，形がゆがんだりしてしまう場合がある．一般に，この像のずれやゆがみをレンズ（反射鏡）の収差と呼んでいる．

収差を完全に除く光学系の実現は非常に難しい．収差にはいくつかの種類があるが，光学系の使用目的によってその影響の度合いが異なる．例えば，スナップ写真などでは多少の像のボケは問題にならないが，ゆがみはなるべく小さい方が好ましい．一方，天文写真などではゆがみに比べボケの少ない像が望まれる．光学系の設計に際し，目的に応じた収差の低減が要求される．

収差には，理想像点に収束する球面波の波面が変形してしまう波面収差と波面の法線としての光線が理想像点を通らない光線収差とがある．波面収差と光線収差の関係を見てみる．

図 3.20 に結像光学系の一般的な配置を示す．図には物体面と結像面のほかに，入射瞳面と射出瞳面が描かれている．入射瞳は光学系の絞り（開口絞り）の物体空間に生じる像と定義されている．単レンズの場合，レンズの直前におかれた絞りは入射瞳となる．一方，射出瞳は像空間に生じる絞りの像と定義される．光線は，見掛け上入射瞳の大きさで光路が制限され，射出瞳で結像

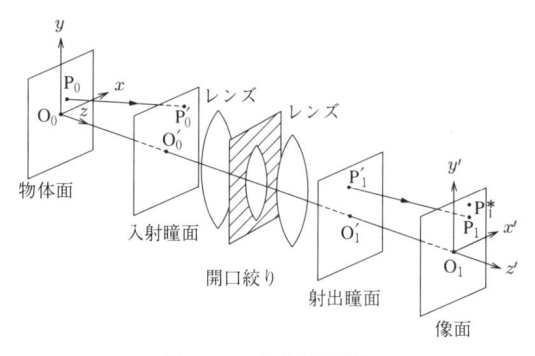

図 **3.20** 光線収差 [10)]

3.7 レンズの収差(ザイデルの5収差)

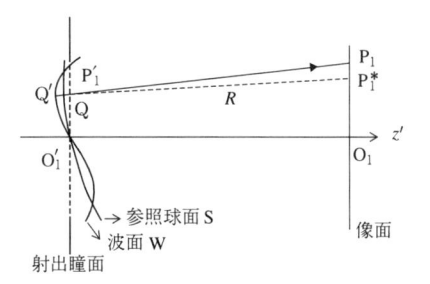

図 3.21 波面収差と光線収差[10]

に寄与する光線束が規定される．

物体面上の点 P_0 は入射瞳面上の点 P_0' を経て，射出瞳面上の点 P_1' を通り点 $P_1(x_A', y_A')$ に至る．点 $P_1^*(x', y')$ は理想像点で，実際の像とのずれ量 $P_1^* P_1$ が光線収差である．光線収差の x 成分 (Δx) と y 成分 (Δy) は

$$\Delta x = x_A' - x' \\ \Delta y = y_A' - y' \tag{3.60}$$

で表される．

波面収差と光線収差の関係を図 3.21 で見てみよう．射出瞳面上の原点 O_1' を通る実際の波面を W で表し，理想像点 P_1^* に収束する球面波面（参照球面）を S で表す．光線 $P_1' P_1$ が参照球面 S および波面 W と交わる点をそれぞれ $Q(\xi, \eta)$ および Q' とする．ここで生じる光路長 $Q'Q = L(\xi, \eta)$ が波面収差である．波面収差と光線収差との間には一定の関係式が成り立つ．近似計算によって参照球面の半径を R として

$$\Delta x = R \frac{\partial L}{\partial \xi} \\ \Delta y = R \frac{\partial L}{\partial \eta} \tag{3.61}$$

の関係が与えられる．

具体的な収差の形式を単一屈折面について求めてみよう．初めに，図 3.22 に示すような光軸上の物点 O の球面屈折による結像を考える．光軸上の頂点 V から h の距離の点 B で屈折して像点 I に至る光線と光軸上を通る光線の光

66　第3章　幾何光学による結像

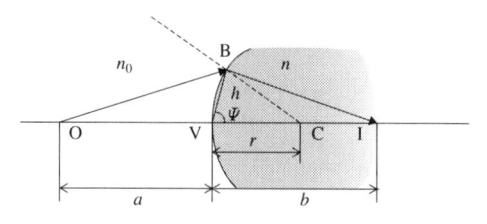

図 3.22　球面屈折による波面収差

学的距離の差 L（波面収差）は

$$L = n_0 \mathrm{OB} + n \mathrm{BI} - n_0 a - nb \tag{3.62}$$

で与えられる．$\angle \mathrm{BVC} = \Psi$ とすると，幾何学的な関係から

$$\cos \Psi = \frac{h}{2r} \tag{3.63}$$

なので，余弦定理から

$$\begin{aligned}
\mathrm{OB} &= \{a^2 + h^2 - 2ah\cos(\pi - \Psi)\}^{\frac{1}{2}} \\
&= \left(a^2 + h^2 + \frac{ah^2}{r}\right)^{\frac{1}{2}} \\
&\cong a\left\{1 + \frac{h^2}{2a^2}\left(1 + \frac{a}{r}\right) - \frac{h^4}{8a^4}\left(1 + \frac{a}{r}\right)^2\right\}
\end{aligned} \tag{3.64}$$

と近似できる（付録 V）．同様にして

$$\begin{aligned}
\mathrm{BI} &= (b^2 + h^2 - 2bh\cos\Psi)^{\frac{1}{2}} \\
&= \left(b^2 + h^2 - \frac{bh^2}{r}\right)^{\frac{1}{2}} \\
&\cong b\left\{1 + \frac{h^2}{2b^2}\left(1 - \frac{b}{r}\right) + \frac{h^4}{8b^4}\left(1 - \frac{b}{r}\right)^2\right\}
\end{aligned} \tag{3.65}$$

と近似できる．よって波面収差 L は距離 h に依存し

$$L = \frac{h^2}{2}\left(\frac{n_0}{a} + \frac{n}{b} + \frac{n_0}{r} - \frac{n}{r}\right) - \frac{h^4}{8}\left\{\frac{n_0}{a}\left(\frac{1}{a} + \frac{1}{r}\right)^2 - \frac{n}{b}\left(\frac{1}{b} - \frac{1}{r}\right)^2\right\} \tag{3.66}$$

となる．近軸光線近似では，式 (3.10) より h^2 の項の係数がゼロとなるが，一般に h^4 の項は波面収差として残る．

次に物点が軸上にない場合を考えてみよう．通常，われわれが扱う光学系は光軸に回転対称なので，非軸上の物点の座標を $P_0(0, y)$ とおいても一般性は失われない．座標系を図 3.23 のようにとる．簡単のために入射瞳面と射出瞳面は屈折面上にあるものとする．物点 $P_0(0, y)$ の理想像点を $P_1^*(0, y')$ とし，両者を結ぶ直線と屈折面の交点を $V(0, \alpha y)$ とする．ここで，α は幾何学的な配置で決まる定数である．屈折面を球面とすると物点 P_0，点 V，理想像点 P_1^* は図 3.22 で示した光軸上の点に対応させることができる．任意の屈折点 $B(\xi, \eta)$ を通る光線の像点を $P_1(x'_A, y'_A)$ とすると，光線収差は P_1 と P_1^* のずれの量になる．

上に述べた議論から，注目する光学系の波面収差 L は距離 BV の 4 乗に比例することがわかる．比例係数を β とすると，波面収差 $L(\xi, \eta)$ は

$$L(\xi, \eta) = \beta \left\{ \xi^2 + (\eta - \alpha y)^2 \right\}^2 \tag{3.67}$$

と表せる．式 (3.61) の関係から光線収差は波面収差の式 (3.67) を微分して求められる．点 B の極座標を $\xi = \rho \sin \varphi$，$\eta = \rho \cos \varphi$ とすると，光線収差の x 成分 (Δx) と y 成分 (Δy) が次のような形で表される．

$$\begin{aligned} \Delta x &= 4R\beta \left\{ \rho^3 \sin \varphi - \rho^2 \alpha y (2 \sin \varphi \cos \varphi) + \rho \alpha^2 y^2 \sin \varphi \right\} \\ \Delta y &= 4R\beta \left\{ \rho^3 \cos \varphi - \rho^2 \alpha y (1 + 2 \cos^2 \varphi) + 3\rho \alpha^2 y^2 \cos \varphi - \alpha^3 y^3 \right\} \end{aligned} \tag{3.68}$$

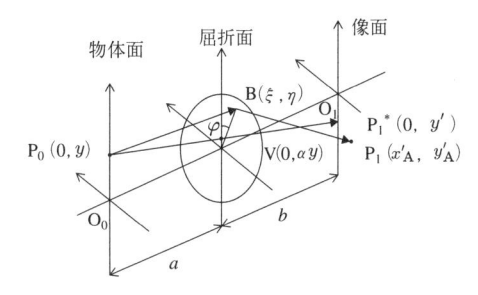

図 3.23 光線収差の発生

これは単一屈折面についての光線収差を表す．一般的な光学系についての収差はもっと複雑な計算が必要になるが，結果はほぼ近い形で表される．すなわち

$$\Delta x = B\rho^3 \sin\varphi - F\rho^2 y(2\sin\varphi \cos\varphi) + D\rho y^2 \sin\varphi$$
$$\Delta y = B\rho^3 \cos\varphi - F\rho^2 y(1 + 2\cos^2\varphi) + (2C+D)\rho y^2 \cos\varphi - Ey^3$$
(3.69)

のように，Δy に y^2 の項がひとつ加わった形になる．ここで，B, C, D, E, F は収差を特徴づける係数である．B は球面収差，F はコマ収差，C と D は非点収差および像面わん曲収差，E はわい曲収差に関係する．これら5種類の収差をザイデルの5収差と呼んでいる．それぞれの収差の特徴を見てみる．

3.7.1 球面収差 ($B \neq 0$)

収差係数 B 以外がすべて 0 あるいは $y \approx 0$ のとき，収差量は

$$\Delta y = B\rho^3 \cos\varphi$$
$$\Delta x = B\rho^3 \sin\varphi$$
(3.70)

となる．2つの式から φ を消去すると

$$(\Delta x)^2 + (\Delta y)^2 = (B\rho^3)^2 \tag{3.71}$$

と表され，入射瞳面で半径 ρ の輪帯からの光線は像面で ρ^3 に比例した半径の円を描く．レンズの周辺ほど収差が急激に大きくなることがわかるが，球面収差は光軸上の物点でも消えない．凸レンズに生じる球面収差の様子を図3.24 に示す．凸レンズの場合，集光点が近軸近似による焦点よりレンズ側に

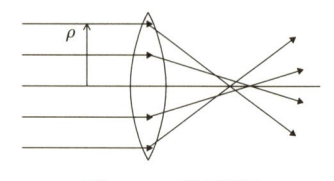

図 **3.24** 球面収差

近づき，凹レンズでは逆の傾向になる．この特徴を生かせば，凸レンズと凹レンズの組み合わせで球面収差を減少させることができる．

[問 3.7.1]　凸レンズの球面収差による光線の様子を考える．簡単のために，凸レンズが図のような光軸から離れるに従って頂角 ($2\phi_k$) が大きくなっていくプリズムの一部を切りとって重ね合わせたものとみなせるとする．光軸に対して平行な光は，光軸から離れるに従って近軸近似の焦点よりレンズ側に集光することを示せ．ただし $\phi_k \ll 1$ とする

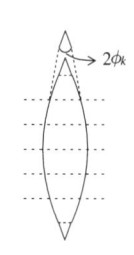

3.7.2　コマ収差 ($F \neq 0$)

収差係数 F 以外が 0 のとき残る収差で，彗星 (comet) の形に似ているところから名づけられた．y の 1 次に比例する収差で

$$\begin{aligned} \Delta x &= -F\rho^2 y(2\sin\varphi\cos\varphi) = -F\rho^2 y\sin 2\varphi \\ \Delta y &= -F\rho^2 y(1 + 2\cos^2\varphi) = -F\rho^2 y(2 + \cos 2\varphi) \end{aligned} \quad (3.72)$$

と表される．$a = -F\rho^2 y$ と置き換えると

$$(\Delta x)^2 + (\Delta y - 2a)^2 = a^2 \tag{3.73}$$

となる．この式は，$F > 0$ とすると，像点は図 3.25 のように理想像点 A から y' 方向に $2a$ だけずれた点を中心とし，半径が a の円を描く．瞳の半径 ρ を変えて多数の円を描くと，この円の接線が 60°の角をなすことがわかる．

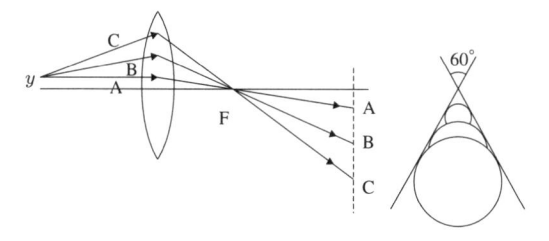

図 3.25　コマ収差

[問 3.7.2] コマ収差の式 (3.73) を用いて収差像を右図のグラフに描いてみよ．簡単のために $a = 0, -(1/4), -(1/2), -(3/4), -1$ の場合を描いて概形を示し，包絡線が $60°$ の角をなすことを示せ．

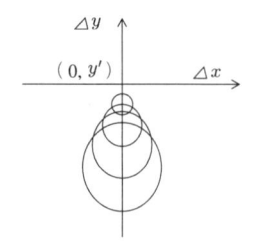

3.7.3 非点収差 ($C \neq 0, D \neq 0$)

収差係数 C および D が 0 でない場合で，物点が光軸からさらに離れたとき，y^2 に比例する収差が目立ってくる．このときの収差量は

$$\begin{aligned}\Delta x &= D\rho y^2 \sin\varphi \\ \Delta y &= (2C+D)\rho y^2 \cos\varphi\end{aligned} \tag{3.74}$$

と表せる．入射瞳面上で $\rho = $ 一定の点を通る光線は

$$\frac{(\Delta x)^2}{D^2} + \frac{(\Delta y)^2}{(2C+D)^2} = (\rho y^2)^2 \tag{3.75}$$

で表される楕円状の収差を生じる．この収差を含む光線の様子を図 3.26 に示す．式からわかるように，$D = 0$ のときは，$\Delta x = 0$ となり，像は y 軸方向（子午面）のみの線分になる（球欠面結像点）．同様にして，$2C + D = 0$ のとき，像は x 軸方向（球欠面）のみの線分になる（子午面結像点）．このような収差を非点収差と呼び，x 軸方向と y 軸方向の集光位置が異なる．一般には，2 つの集光位置の間に最も小さな円板状の像ができる．この像を最小錯乱円と呼び，集光点とみなす．

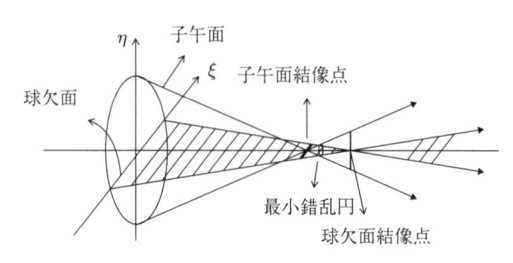

図 3.26 非点収差

[問 3.7.3] 光学系に非点収差があるとき，図のような物体は子午面結像面と球欠面結像面ではどのような像になるか．

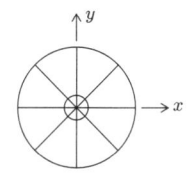

3.7.4 像面のわん曲 ($D \neq 0$)

収差係数 D 以外が 0 のとき，式 (3.69) から収差は半径が $D\rho y^2$ の円になる．球面収差，コマ収差，非点収差が除かれたとすると，ひとつの物点から入射した光線はひとつの像点に集まることになるが，y^2 に比例した影響は残る．この影響によって，平面状の物体が図 3.27 に示すように，わん曲した曲面上に結像する．この収差をわん曲収差と呼んでいる．このわん曲の向きが，凸レンズと凹レンズでは異なるので，組み合わせて収差を除くことができる．

[問 3.7.4] 像面のわん曲の定性的な説明を，空気中におかれた半無限の凸球面（屈折率 n）の結像を用いて行え．

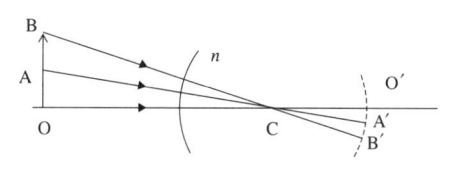

（ヒント）：物体が右図のように凸面の頂点から a の距離にあるとし，物点 O, A, B が凸球面の曲率中心付近を通って集光する像点 O′, A′, B′ を求めて考える．

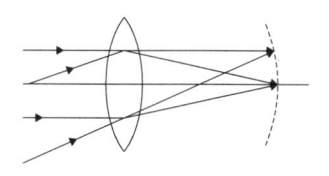

図 3.27 像面のわん曲

3.7.5 像面の歪み（歪曲）($E \neq 0$)

絞りを十分小さくしても収差係数 E が 0 でない場合

$$\Delta y = -Ey^3 \tag{3.76}$$

の収差が残る．像の横倍率 M は

72   第3章 幾何光学による結像

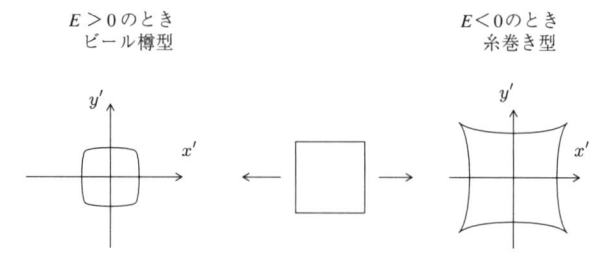

$E > 0$ のとき
ビール樽型

$E < 0$ のとき
糸巻き型

図 3.28 像面の歪曲

$$M = \frac{y'_A}{y} = \frac{y' + \Delta y}{y}$$
$$= m_0 - Ey^2 \tag{3.77}$$

で与えられる．ここで，m_0 は理想的な像の倍率である．図 3.28 に示すように，$E > 0$ の場合には，横倍率は y とともに小さくなるので，四角形の物体の像は中央が膨らんだビール樽形になる．一方，$E < 0$ の場合には，四角形の物体の像は四隅のとがった糸巻き形になる．この収差を歪曲収差と呼ぶ．

[問 3.7.5]   像面の歪曲を与える式 (3.77) を用いて右図のような物体の像を求めよ．

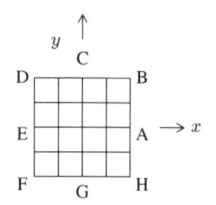

3.8 色 収 差

これまで述べてきたレンズの結像に関する議論は，単色の光に対して有効であるが，白色光のように波長の異なる光が混ざっているような場合には，屈折率の変化によって像がボケてしまう．このような像のボケを色収差と呼んでいる．2.8 節で述べたように，屈折率は波長の関数として表される．薄レンズの焦点距離の公式は

$$\frac{1}{f} = (n-1)\left(\frac{1}{r_1} - \frac{1}{r_2}\right) \tag{3.78}$$

で与えられたように，屈折率の関数になっている．屈折率の変化と焦点距離の関係は上の式を微分して

$$-\frac{\Delta f}{f^2} = \Delta n \left(\frac{1}{r_1} - \frac{1}{r_2}\right) \quad (3.79)$$

$$-\frac{\Delta f}{f} = \frac{\Delta n}{n-1} \quad (3.80)$$

と求まる．この式の右辺は材料の分散率と呼ばれている．光学の分野では分散率の逆数，すなわち

$$\frac{\Delta n}{n-1} = \frac{1}{\nu} \quad (3.81)$$

で定義される ν をアッベ数と呼び，ガラスの定数として使うことが多い．

ここでは，2枚の薄レンズを密着させ，2つの波長に対して色収差を打ち消せる方法を述べる．一般的に使われているのは，材質の異なる2つのレンズを組み合わせて色収差を除く方法である．2つのレンズの焦点距離をそれぞれ f_1 および f_2 とし，合成焦点距離を f とすると，式 (3.39) より

$$\frac{1}{f} = \frac{1}{f_1} + \frac{1}{f_2} \quad (3.82)$$

と与えられるから，両辺を微分すると

$$\frac{\Delta f}{f^2} = \frac{\Delta f_1}{f_1^2} + \frac{\Delta f_2}{f_2^2} \quad (3.83)$$

となり，式 (3.80)，(3.81) を使うと

$$-\frac{\Delta f}{f^2} = \frac{1}{f_1 \nu_1} + \frac{1}{f_2 \nu_2} \quad (3.84)$$

が得られる．ここで，ν_1 と ν_2 はそれぞれのレンズのアッベ数である．この式の右辺を0とすることができれば，色収差を除ける．このとき，2つのレンズの焦点距離の関係は

$$\frac{f_1}{f_2} = -\frac{\nu_2}{\nu_1} \quad (3.85)$$

となる．アッベ数は一般に正なので，レンズの材料を考慮しながら凸レンズと凹レンズの焦点距離を決めればよい．このような組み合わせレンズをアクロマート（色消しレンズ）と呼ぶ．

[問 3.8] 色収差の議論では太陽スペクトル中の 3 つのフラウンホーファー線，赤色 C 線（波長 656nm），黄色 D 線 (589nm)，青色 F 線 (486nm) を使うことが多い．これらの線スペクトルに対するクラウンガラスとフリントガラスの屈折率を下の表に示す．

線スペクトル	C 線	D 線	F 線
クラウンガラスの屈折率	1.5155	1.5182	1.5243
フリントガラスの屈折率	1.6150	1.6200	1.6321

今，D 線に対する焦点距離 f =10cm のクラウンガラスレンズとフリントガラスレンズを考える．それぞれのレンズの C 線と F 線に対する焦点距離の差 Δf を式 (3.80) を使って求めよ．またそれぞれのアッベ数はいくつになるか．さらに，2 つのレンズを密着させて色消しレンズを作るにはそれぞれどのような焦点距離が必要になるか．組み合わせレンズの合成焦点距離を f として求めよ．

第4章

光の干渉

　2つの光を重ね合わせるとその強度分布がそれぞれの光の強度の和と異なることがあり，この現象を光の干渉と呼んでいる．レーザーのように単色性がよく，位相のそろった光は容易に干渉させることができる．干渉によってできる干渉縞の変化を精密に計測すれば，光の波長よりも細かい精度で物の動きや形状変化が測定できる．干渉は光以外の波動でも同様に起こる物理現象なので多くの分野で利用されている．

4.1　光の干渉性（コヒーレンス）

　われわれが日常目にしている光源や太陽光のような自然光では，干渉現象が特に目立つことはない．一般の光源では，個々の原子が独立に時間的に不規則な光を放つのでレーザーのように位相はそろっていない．原子から光（ここでは線スペクトル）が放出される様子を図4.1の模式図を使って説明する．
　原子は原子核とそれを取り巻く電子から成る．電子は原子核に近い軌道から順番に内側の軌道を埋めている．これらの電子を放電などの手段によって励起すると，電子が軌道から離れる．電子がいなくなった軌道は，短時間に外側の軌道の電子によって埋められる．このときに電磁波が放射されるが，その波長（エネルギー）は電子のもっていたエネルギーの差に相当する．放射

76　第 4 章　光の干渉

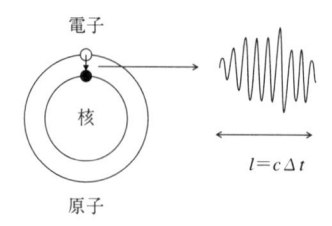

図 4.1　光のコヒーレンス長：l

される電磁波が可視光の場合は，放射時間（Δt）はおおよそ 10^{-9} 秒程度である．光の速さが $c = 3 \times 10^8$ m/s なので，放射される光波の長さ（波連）は，原理的には数 10cm 程度になる．しかしながら，通常の放電管などからの光は，原子間の衝突やドップラー効果などによる周波数の広がりが見られ，波連の長さが数ミリ程度になってしまう．この光波の長さを可干渉距離（コヒーレンス長）と呼ぶ．ひとつの点光源から出た光同士でも，光路差がこの値を越えると干渉しなくなる．以上のような光の干渉性を一般に時間的コヒーレンスと呼んでいる．

　一方，光源が有限の大きさをもつ場合，単色性がよくても見かけ上の干渉性の低下を招く．通常の光源の場合，個々の原子から放射される光は互いに干渉することはない（インコヒーレント光源）．すなわち，ひとつの光源であっても，実際は互いに干渉し合わない点光源の集まりとみなされる．このことは有限の大きさをもつ光源は，その大きさによって干渉性が見かけ上劣化してしまうことを意味する．ヤングの干渉実験の光学系を使って，光源の大きさが干渉性に与える影響を見てみよう [図 4.2(a)]．

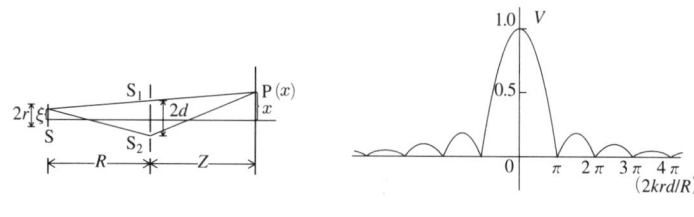

(a) ヤングの干渉実験　　　　(b) 光源の大きさと干渉縞の鮮明度(V)

図 4.2　光源の干渉性

光源から注目する平面までの距離を R，その平面からスクリーンまでの距離を Z とし，その平面上のどのくらいの領域（ここではダブルスリットの間隔 $2d$ に相当）が干渉性よく照明されているかを考える．干渉性の良さを表す目安として，干渉縞の鮮明度 V

$$V = \frac{I_{\max} - I_{\min}}{I_{\max} + I_{\min}} \tag{4.1}$$

を定義する．ここで，$I_{\max}$ と $I_{\min}$ はそれぞれ隣接した干渉縞の強度の極大値と極小値を表す．光源が点光源の場合，極小値が 0 になるので $V = 1$ となるが，光源に大きさがあると干渉縞の鮮明度が低下する．簡単のために，光源は放射強度が一定の分布をもつ直線状の光源とし，その大きさを $2r$ として，干渉縞のボケを見積もってみる．

今，$i(\xi)\mathrm{d}\xi$ を光源の要素 $\mathrm{d}\xi$ から波長 λ の光がスリット S_1 を通って P 点に達する強度とすると，2 つのスリットを通ってスクリーン上の点 $P(x)$ で重なった強度は，1 章の式（1.13）および（1.16）から

$$I(\xi, x) = 2i(\xi)(1 + \cos k\delta)\mathrm{d}\xi \tag{4.2}$$

と書ける．ここで，$k = 2\pi/\lambda$，δ は 2 光束の光路差で

$$\delta = \frac{2\xi d}{R} + \frac{2xd}{Z} \tag{4.3}$$

と近似できる．光源の強度分布 $i(\xi) =$ 一定 $= 1$ として，式（4.2）を光源の大きさ $2r$ の範囲で積分すると

$$I(x) = 2r\left\{2 + \frac{2\sin(2krd/R)}{(2krd/R)}\cos\frac{2kxd}{Z}\right\} \tag{4.4}$$

が求まる．この式より，鮮明度 V は

$$V = \frac{|\sin(2krd/R)|}{|2krd/R|} \tag{4.5}$$

と求まる．

光源の広がりのパラメータ r と鮮明度 V との関係を図 4.2(b) に示す．図からも明らかなように，光源の広がりが大きいと鮮明度が低下する．特に $2krd/R = \pi$，すなわちスリット間距離 $2d = \lambda R/2r$ では干渉縞が消える．この領域を越えても干渉性は多少保たれているが，非常に低くなる．干渉性の

高い領域の目安として,2点間のおよその距離として $2d = \lambda R/8r$ より内側をコヒーレントな領域と呼んでいる.このように,光源の大きさによって干渉可能領域が変化する光学的性質を空間的コヒーレンスと呼んでいる.

以上のような考察からレーザー以外の光源(インコヒーレント光)を使って干渉現象を観測するには,光源から出た光を2つに分け,別々の光路を通ってきた光を,上に述べた条件を考慮して精度よく重ね合わせる必要がある.干渉させる方法の代表的なものとしては

(1) 振幅分割による干渉

(2) 波面分割による干渉

が挙げられる.(1)は半透明の鏡やプリズムなどを使って,入射光の振幅を透過光と反射光に分け,再び重ね合わせて干渉させる.重ね合わせを正確に行えば,空間的にはほぼ元の波面を重ねることができるので,干渉性のよくない光源を用いても実験可能である.代表的な例として,後述のニュートンリングやマイケルソン干渉計などがある.(2)は微小光源から広がっていく波面の近接した干渉可能な領域を分割し,重ね合わせる方法であるが,空間的に離れていた点同士の重ね合わせになるので,光源の空間的なコヒーレンスが相当程度要求される.ヤングの干渉実験が代表的なものである.

[問 4.1] 式 (4.3) を図 4.2 (a) のパラメータを用いて導け.ただし,$R, Z \gg \xi, d, x$ とする.

4.2 平面波同士の干渉

干渉の実験や解析が比較的容易なものとして平面波同士の干渉があげられる.図 4.3 はマイケルソン干渉計と呼ばれる光学系で,一方の光路を基準とし他方の光路に被測定物をおいて,測定物の微小な動きや媒質の屈折率変化などを測るのに使われる.簡単な光学系で高精度(波長の 10 分の 1 以下)の測定ができるので,干渉計の中では最もよく使われる.

図に示すように,単色点光源からの光をレンズで平行にした後,ハーフミラー(半透明鏡)で平面波 B と平面波 C の 2 つに分け,それぞれの光をミ

4.2 平面波同士の干渉　79

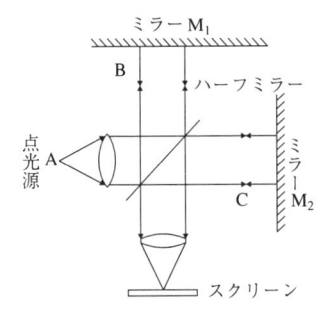

図 **4.3** マイケルソン干渉計

ラーで反射させ，再びハーフミラーを介して重ね，レンズによってスクリーン上に光源の像を作る．実際の干渉計では，一方のミラーが被測定物に設置され，その微小な動きを精密に計測する．ハーフミラーからミラー M_1 までの往復の光路長を l，ミラー M_2 までの往復の光路長を l' とする．光路の媒質の屈折率は n とし，それぞれの平面波の変位を

$$\begin{aligned}\Psi_B &= a_0 \sin\left(\frac{2\pi}{\lambda} nl - \omega t + \alpha\right) \\ \Psi_C &= a_0 \sin\left(\frac{2\pi}{\lambda} nl' - \omega t + \alpha\right)\end{aligned} \quad (4.6)$$

とすると，スクリーン上の光の変位は

$$\begin{aligned}\Psi(x,t) &= \Psi_B + \Psi_C \\ &= a_0 \left\{\sin\left(\frac{2\pi}{\lambda} nl - \omega t + \alpha\right) + \sin\left(\frac{2\pi}{\lambda} nl' - \omega t + \alpha\right)\right\} \\ &= 2a_0 \left[\sin\frac{1}{2}\left\{\frac{2\pi}{\lambda} n(l+l') - 2\omega t + 2\alpha\right\} \cos\frac{\pi}{\lambda} n(l-l')\right]\end{aligned} \quad (4.7)$$

と表される．$\beta = \pi n(l+l')/\lambda + \alpha$ とおくと，スクリーン上の強度は

$$\begin{aligned}I(x) &= \frac{1}{T_0} \int_0^{T_0} \Psi^2 dt \\ &= 4a_0^2 \left\{\cos\frac{\pi}{\lambda} n(l-l')\right\}^2 \frac{1}{T_0} \int_0^{T_0} \sin^2(\beta - \omega t) dt \\ &= 2a_0^2 \left\{\cos\frac{\pi}{\lambda} n(l-l')\right\}^2\end{aligned}$$

80　第4章　光の干渉

$$= a_0^2 \left\{ \cos \frac{2\pi n}{\lambda}(l - l') + 1 \right\} \tag{4.8}$$

となる．ここで，T_0 は光波の周期とした．2つの光の光路差が

$$\frac{2\pi n(l - l')}{\lambda} = 2\pi m \quad (m：整数) \tag{4.9}$$

の関係，すなわち光学的距離の差が波長の整数倍

$$n(l - l') = m\lambda \tag{4.10}$$

のとき，スクリーン上の集光点が明るくなる．一方，半波長の差を含む場合

$$n(l - l') = \left(m + \frac{1}{2} \right) \lambda \tag{4.11}$$

では暗くなる．ミラーの移動は光路長を2倍変化させるので，スクリーン上の明暗のみの計測でも波長の4分の1の精度で変化量がわかる．

　光源に広がりがある場合は，集光レンズの焦平面上に光軸を中心にした同心円状の干渉縞が生ずる．その様子を見るために，干渉光学系を図 4.4 に示すように直線上に並べ変えて考える．光源はスクリーンの背後にある虚の光源Sとする．光源の一点Pから出た光はミラー M_1 およびミラー M_2'（ミラー M_2 の虚像）によってそれぞれ反射され集光レンズに入射する．それぞれの光は光源Sの虚像 S_1 および S_2 の点 P_1 および点 P_2 から出射した光としてみなされる．これら2つの光は光軸に対して θ の角度で集光レンズに入射する．

　図に示すように，点 P_1 と点 P_2 からの光の光路差 Δl は

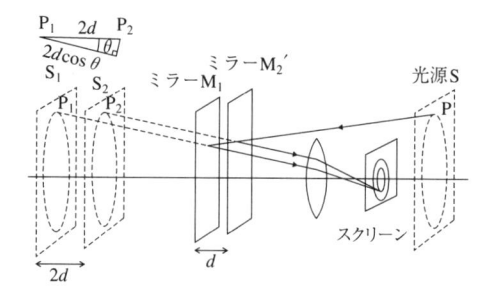

$$\Delta l = 2d \cos \theta \tag{4.12}$$

図 4.4　光源に広がりのあるマイケルソン干渉計[8]

となる．ここで，$2d$ は図 4.3 においてハーフミラーから 2 つのミラーまでの往復の光路差（媒質の屈折率 $n = 1$ とする）で，この光路差が波長の整数倍のとき，すなわち

$$2d\cos\theta = m\lambda \tag{4.13}$$

のとき，集光点の明るさが最大になる．この点は光軸に対し θ の角度で集光レンズの中心を通る光線と焦平面上の交点になる．この関係式から，d, m, λ の値を与えると，θ は一定の値をもつ．このことは，明るさの極大（極小）になる軌跡が光軸を中心にした同心円状になることを示す．2 つのミラーが完全に平行になっていない場合は，干渉縞は 2 次曲線群あるいは直線群になってしまう．

もうひとつの代表的な干渉計として，図 4.5 に示すマッハ–ツェンダー型干渉計がある．ハーフミラー（M_1, M_4）とミラー（M_2 と M_3）の組み合わせを図のように対称性よく配置すれば，反射による光波の位相変化をキャンセルできる．この干渉計はミラー間の距離を大きくとれることとマイケルソン干渉計と違って光路は 1 回の通過なので，高速に時間変化する媒質 (T) の屈折率分布測定などにも使われる．

[問 4.2]　単色点光源を使って，図 4.3 のようなマイケルソン干渉計の実験を行った．最初にミラーの位置を調整してスクリーン上の集光点における明るさを極大にしておく．次に一方のミラーを 25.3μm 移動させたところ，明るさが変化し 92 回目の明るさの極大値で止まった．このときの

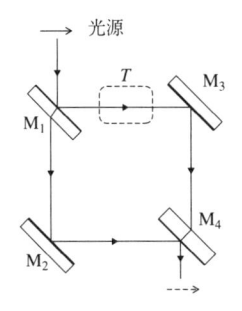

図 4.5　マッハ–ツェンダー干渉計

点光源の波長を求めよ．

4.3　2つの平面波が平行でない場合

光線の向きが異なる2つの平面波がスクリーン上で干渉する場合の干渉縞の様子を調べてみよう．図 4.6 のように，光軸に平行に進む光波の変位を Ψ_B とし，光軸と θ の角度で進む光波の変位を Ψ_C とする．スクリーンは光波 B に対して垂直におく．媒質の屈折率を 1 として，x 座標を光軸方向にとり，y 軸を光軸に垂直にとる．

第 1 章の 1.5 節で述べたように，一般化された平面波の式を使うと，平面波 B と平面波 C の波面の法線方向の単位ベクトルは $\bm{u}_B = (1,0,0), \bm{u}_C = (\cos\theta, -\sin\theta, 0)$，波面上の位置座標は $\bm{r} = (x,y,z)$ と書けるので，それぞれの光波の変位は

$$\begin{aligned}\Psi_B &= a_0 \sin\left(\frac{2\pi}{\lambda}x - \omega t + \alpha\right) \\ \Psi_C &= a_0 \sin\left\{\frac{2\pi}{\lambda}(x\cos\theta - y\sin\theta) - \omega t + \alpha\right\}\end{aligned} \quad (4.14)$$

と表せる．スクリーン上，すなわち $x=0$ で重ね合わせた2つの光波の変位は

$$\begin{aligned}\Psi(0,y,t) &= a_0 \sin(-\omega t + \alpha) + a_0 \sin\left(-\frac{2\pi}{\lambda}y\sin\theta - \omega t + \alpha\right) \\ &= 2a_0 \sin\frac{1}{2}\left(-\frac{2\pi}{\lambda}y\sin\theta - 2\omega t + 2\alpha\right)\cos\left(\frac{\pi}{\lambda}y\sin\theta\right)\end{aligned} \quad (4.15)$$

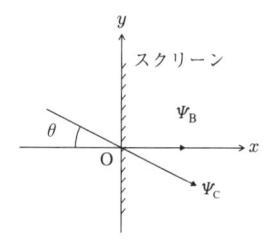

図 4.6　一方が光軸に平行でない平面波の干渉

となる．前節と同様な計算によって，スクリーン上での強度は

$$I(y) = a_0^2 \left\{ \cos\left(\frac{2\pi y}{\lambda} \sin\theta\right) + 1 \right\} \tag{4.16}$$

となる．強度が最大になる条件は

$$\frac{2\pi y}{\lambda} \sin\theta = 2\pi m \quad (m：整数) \tag{4.17}$$

より

$$y = \frac{m\lambda}{\sin\theta} \tag{4.18}$$

の位置で明るさが最大になる．干渉縞の縞間隔 Δy は $\Delta m = 1$ とすると

$$\Delta y = \lambda / \sin\theta$$

となる．例えば，$\lambda = 632.8\text{nm}$（He-Ne レーザー），$\theta = 30°$ とすると $\Delta y ≒ 1.2\mu\text{m}$ が求まる．

次に，図 4.7 のようにスクリーンの法線方向に対して異なる角度で入射する場合を考えてみる．平面波 B および平面波 C と法線とのなす角をそれぞれ θ_B および θ_C とする．それぞれの波面の法線方向の単位ベクトルは，$\boldsymbol{u}_\text{B} = (\cos\theta_\text{B}, \sin\theta_\text{B}, 0)$, $\boldsymbol{u}_\text{C} = (\cos\theta_\text{C}, -\sin\theta_\text{C}, 0)$ と書けるので，それぞれの光波の変位は

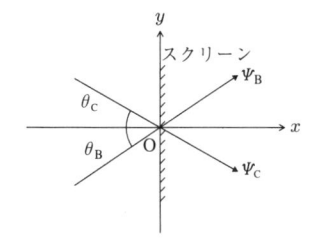

$$\begin{aligned}\Psi_\text{B} &= a_0 \sin\left\{\frac{2\pi}{\lambda}(x\cos\theta_\text{B} + y\sin\theta_\text{B}) - \omega t + \alpha\right\} \\ \Psi_\text{C} &= a_0 \sin\left\{\frac{2\pi}{\lambda}(x\cos\theta_\text{C} - y\sin\theta_\text{C}) - \omega t + \alpha\right\}\end{aligned} \tag{4.19}$$

図 4.7　異なる入射角をもつ平面波の干渉

と表せる．$x=0$ におけるスクリーン上の重ね合わせ強度は

$$I(y) = a_0^2 \left\{ \cos\frac{2\pi y}{\lambda}(\sin\theta_B + \sin\theta_C) + 1 \right\} \quad (4.20)$$

となる．干渉強度の極大値は，m を整数として

$$\frac{2\pi y}{\lambda}(\sin\theta_B + \sin\theta_C) = 2\pi m \quad (4.21)$$

を満足する y の位置で与えられる．すなわち

$$y = m\lambda/(\sin\theta_B + \sin\theta_C) \quad (4.22)$$

この式からも明らかなように，2つの光のなす角が大きいほど干渉縞の間隔が小さくなることがわかる．

 光軸近辺でこれらの関係式が近似的に成り立つ光学系として，先に示したヤングの実験光学系は代表的なものである．そのほかの光学系も基本的にはヤングの実験系に類似している．図 4.8(a) はフレネルのバイプリズム光学系で，点光源からの光を対称なプリズムによって波面分割し，再び重ね合わせて干渉させる．(b) および (c) はミラーの反射を利用して光源の虚像を作り干渉させるもので，それぞれフレネルミラーおよびロイドミラーと呼ばれている．図の AB の領域で干渉が起こる．ミラーを利用したこれらの干渉計は，干渉性の低い X 線などによく利用される．

[問 4.3] 光軸に平行に進む平面波と光軸に対して θ の角度をなす平面波の干渉縞の間隔 Δy は，右図のように簡単な幾何学的関係から求められる．すなわち，図より $\Delta y \sin\theta = \lambda$ は明らかである．同様な考え方を利用して式 (4.22) の $m=1$ の場合を導け．

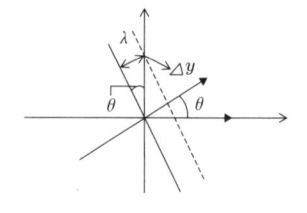

4.4 平面波と球面波の干渉

 干渉を積極的に利用して3次元像を記録するホログラフィー（5.9節）や像コントラストを強調させる干渉顕微鏡などでは，物体の透過光あるいは反射

4.4 平面波と球面波の干渉

(a) フレネルバイプリズム干渉計

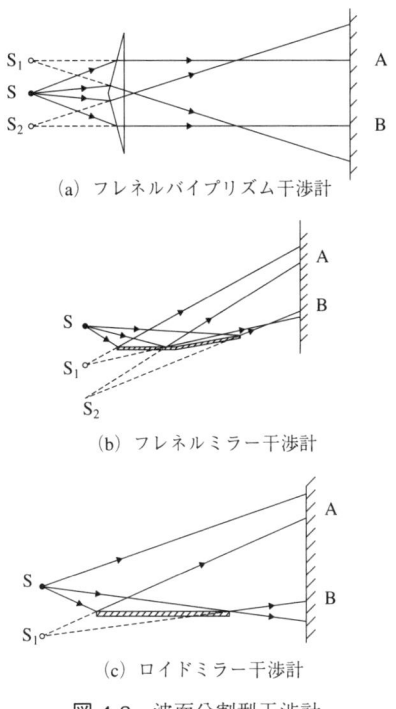

(b) フレネルミラー干渉計

(c) ロイドミラー干渉計

図 **4.8** 波面分割型干渉計

光と参照光を干渉させて画像を作る．被測定物からの光は無数の点物体による散乱光とみなすことができる．散乱光を多数の球面波と考え，参照光を平面波として干渉を見てみる．

図 4.9 のような光学系を考える．点物体 C が光軸上にあり，光軸に平行に平面波 B が入射したとする．点物体 C による光の散乱によって球面波が生じたとする．平面波 B と球面波 C をスクリーン上で干渉させる．C からスクリーン上に垂直におろした点を x 軸の原点 O とする．スクリーン上の点 P における光の強度を求める．点物点 C から原点までの距離を l' とし，媒質の屈折率を 1 とすると，平面波 B の変位の式は

$$\Psi_B = a_0 \sin\left(\frac{2\pi}{\lambda} l' - \omega t + \alpha\right) \qquad (4.23)$$

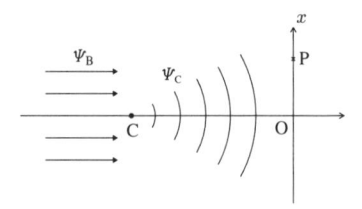

図 4.9 平面波と球面波の干渉

と書け，球面波 C は

$$\Psi_\mathrm{C} = a_0' \sin\left(\frac{2\pi}{\lambda}\mathrm{CP} - \omega t + \alpha\right) \tag{4.24}$$

で表せる．2 つの光を重ね合わせた場合の P 点での光波の変位は

$$\Psi(x,t) = a_0 \sin\left(\frac{2\pi}{\lambda}l' - \omega t + \alpha\right) + a_0' \sin\left(\frac{2\pi}{\lambda}\mathrm{CP} - \omega t + \alpha\right) \tag{4.25}$$

となる．ここで，簡単のために球面波の振幅を $a_0' \approx a_0$ とすると

$$\Psi(x,t) = 2a_0 \sin\frac{1}{2}\left\{\frac{2\pi}{\lambda}(l' + \mathrm{CP}) - 2\omega t + 2\alpha\right\}\cos\frac{\pi}{\lambda}(\mathrm{CP} - l') \tag{4.26}$$

と書ける．スクリーン上の強度は

$$I(x) = \frac{1}{T_0}\int_0^{T_0}\Psi^2(x,t)\mathrm{d}t = 2a_0^2\cos^2\frac{\pi}{\lambda}(\mathrm{CP} - l')$$

$$= a_0^2\left\{\cos\frac{2\pi}{\lambda}(\mathrm{CP} - l') + 1\right\} \tag{4.27}$$

となる．さらに，点 P の座標を x とすると

$$\mathrm{CP} = (l'^2 + x^2)^{\frac{1}{2}} = l' + \frac{x^2}{2l'} \tag{4.28}$$

と近似し

$$\mathrm{CP} - l' = \frac{x^2}{2l'}$$

となるので，干渉強度分布は

$$I(x) = a_0^2\left\{\cos\left(\frac{\pi x^2}{\lambda l'}\right) + 1\right\} \tag{4.29}$$

となる．m を正の整数として

$$\frac{\pi x^2}{\lambda l'} = 2\pi m \tag{4.30}$$

の関係が成り立つとき，すなわち

$$x_m = \sqrt{2l'\lambda m} \qquad (4.31)$$

を満足する点で明るくなる．球面波と平面波はスクリーン上で 2 次元的な対称性をもって干渉している．干渉縞は半径 x_m のところで明るさの極大をもつ同心円状のパターンを描く．このパターンをフレネル輪帯と呼んでいる．

これまで干渉強度分布を求める際に，時間平均の操作をそのたびごとに行ってきたが，最終的な強度分布は，2 つの光が通過してきた光路差のみによって表現されることが明らかになった．今後は，特別な場合を除いて光路差のみを用いて干渉の様子を示す．

[問 4.4] 式 (4.29) の強度分布のグラフを $a_0 = 1$, $l' = f$ として描け．

4.5 薄膜の干渉 (1)（等傾角の干渉縞）

シャボン玉や水に浮かんだ油の薄い膜は太陽の光を受けて色づいて見える．この現象は，薄膜の表面で反射された光と膜に入って底面で反射され膜の外へ出る光との干渉によって起こる．簡単なモデルで説明しよう．

図 4.10 に示すように，空気中においた屈折率 n，厚さ d の透明な薄い平行平面板に単色の平面波が入射する場合を考える．A_1 点に入射した光は上面で反射して A_1' 方向に向かう光と屈折して底面 A_2 に向かう光に分かれる．底面で反射した光は上面の点 B_1 で屈折して上面で反射した光と平行な方向に進む．レンズ L を使って両方の光をスクリーン上の P_{θ_1} 点で重ね合わせる．点

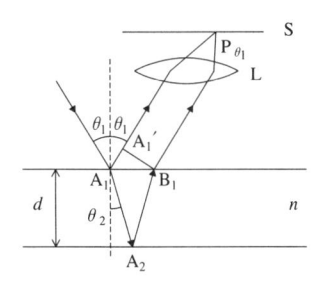

図 4.10 薄膜の干渉（等傾角の干渉縞）

P_{θ_1} はレンズの焦平面上の点なので $A_1'P_{\theta_1}$ と $B_1P_{\theta_1}$ の光学的距離が等しいことは明らかである.

2つの光は同一波面の振幅分割による干渉なので,干渉強度を求めるには両者の光学的距離の差 (Δl) を考えればよい.

$$\begin{aligned}
\Delta l &= n(A_1A_2 + A_2B_1) - A_1A_1' \qquad (A_1A_1' = A_1B_1 \sin\theta_1) \\
&= n\frac{2d}{\cos\theta_2} - 2d\tan\theta_2 \sin\theta_1 \qquad (\sin\theta_1 = n\sin\theta_2) \\
&= 2nd\frac{(1-\sin^2\theta_2)}{\cos\theta_2} \\
&= 2nd\cos\theta_2
\end{aligned} \qquad (4.32)$$

A_1 における反射の際,位相が π だけ変化するとすると A_1' と B_1 における位相差 δ は

$$\delta = \frac{2\pi}{\lambda} 2nd\cos\theta_2 + \pi \qquad (4.33)$$

となる.この位相差が $\delta = 2\pi m$ のとき P_{θ_1} 点が極大値をもち明るくなる.すなわち

$$2nd\cos\theta_2 = \left(m - \frac{1}{2}\right)\lambda \qquad m = 1, 2, 3 \cdots \qquad (4.34)$$

を満足する位置で明るくなる(強度が極大).

同様の考え方で,位相差 $\delta = (2m-1)\pi$ のとき極小になることがわかる.d が一定の場合,明暗は $\theta_2(\theta_1)$ の関数となり,入射角が等しい光は明暗も等しくなるのでこの干渉を等傾角干渉という.特にこの干渉縞をハイディンガーの干渉縞と呼んでいる.4.2 節で述べたマイケルソン干渉計による同心円干渉縞の生成もこの等傾角干渉の一種である.入射光にいろいろな波長が混じっているときは見る角度によって色が異なる.

[問 4.5] 図 4.10 の薄膜の干渉で光源に広がりがある場合(右図),代表的な点 A_1, A_2 からの光の入射角を θ_A,点 B_1, B_2 からの光の入射角を θ_B としてそれぞれの集光点を求め,等しい入射角の光が一点に集光することを確かめよ.

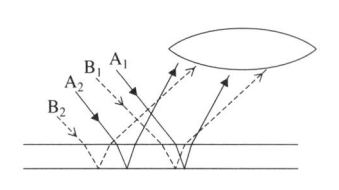

4.6　薄膜の干渉(2)（等厚の干渉縞）

スライドガラスのような平面性のよい透明な 2 枚の板を重ね合わせ，蛍光灯などの照明下でみると縞模様が観察される．これは，ガラスにはさまれた空気の層が薄膜の役割を果たし，光の干渉を起こさせるために生じた現象である．すきまの形を簡単のためにくさび状と仮定して干渉の様子を見てみよう．

図 4.11 に示すように，断面がくさび状の薄い板（屈折率 n）に光が入射したときに見られる干渉現象を調べる．光源を S，観測点を P とし，薄板の上面の入射点 C で反射して観測点に至る光線と，上面点 A で屈折，透過して底面の点 B で反射し，上面点 D で屈折して観測点に至る光線を考える．点 C から線分 AB に垂直に下した線との交点を H_1，同じく DB に垂直に下した線との交点を H_2 とする．さらに，点 B から上面に垂直に下した線との交点を E とし，そこから線分 AB に垂直に下した線との交点を H_1'，同じく DB に垂直に下した線との交点を H_2' とする．

BE $= d$ として，SABDP と SCP の光路長差 Δl を考える．

$$\Delta l = \mathrm{SA} + n(\mathrm{AB} + \mathrm{BD}) + \mathrm{DP} - (\mathrm{SC} + \mathrm{CP}) \tag{4.35}$$

板が極めて薄いとき

$$\begin{aligned} \mathrm{SC} &\cong \mathrm{SA} + n\mathrm{AH}_1 \\ \mathrm{CP} &\cong \mathrm{DP} + n\mathrm{H}_2\mathrm{D} \end{aligned} \tag{4.36}$$

と近似できるので

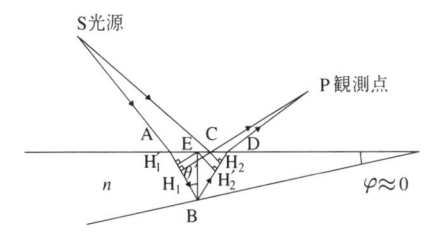

$$\begin{aligned} \Delta l &= n(\mathrm{AB} - \mathrm{AH}_1 + \mathrm{BD} - \mathrm{H}_2\mathrm{D}) \\ &= n(\mathrm{H}_1\mathrm{B} + \mathrm{BH}_2) \end{aligned} \tag{4.37}$$

図 4.11　くさび形薄膜の干渉（等厚の干渉縞）

と書け，くさびの頂角 $\varphi \ll 1$ のとき E と C はほぼ一致する．EB と AB のなす角を θ' とすると

$$H_1B = EB\cos\theta' = d\cos\theta' = BH_2 \tag{4.38}$$

となり，光路差 Δl は

$$\Delta l = 2nd\cos\theta' \tag{4.39}$$

となる．2つの光線の位相差 δ は C での反射による位相変化 π を考えると

$$\delta = \frac{2\pi}{\lambda}(2nd\cos\theta') + \pi \tag{4.40}$$

となり，$\theta' \approx 0$ のとき

$$\delta = \frac{2\pi}{\lambda}2nd + \pi \tag{4.41}$$

と表される．

$$\delta = 2m\pi \quad (m = 1, 2, 3)$$

すなわち

$$2nd = \left(m - \frac{1}{2}\right)\lambda \tag{4.42}$$

を満足する厚さでは明るさが極大になり，$\delta = (2m+1)\pi$，すなわち

$$2nd = m\lambda \tag{4.43}$$

では極小になる．式から明らかなように，厚さの等しいところが同じ明るさの干渉縞になるので，これを等厚干渉縞（フィゾーの干渉縞）と呼んでいる．この現象は，平面の凹凸を光の波長以下の精度でテストするのに使われる．等厚干渉の代表的な例がニュートンリングである．

[問 4.6] 右図のように，理想的な平面のガラス板に大きな曲率半径 R をもつガラスをおいて，上方から垂直に光を入射させると同心円状の干渉縞が観測される（ニュートンリング）．両面の接触点 O から x の距離 B で m 番目の明るい干渉縞が観測された．光の波長を λ として R を求めよ．波長 500nm の光で 1 番目の明るい干渉縞が 1mm の位置で観測されたとする．半径 R は何 m か．

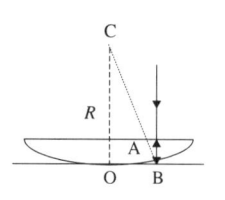

4.7 繰り返し反射干渉

4.5 節で述べた 2 つの平行面の反射による干渉ではそれぞれの振幅が等しく，1 回の反射光のみを考えた．しかしながら，入射角が大きい場合や表面に金属などを蒸着した場合などは，反射率が大きくなり，図 4.12 に示すような繰り返し反射光の寄与を考慮に入れる必要が生じる．

繰り返し反射による反射率を求めてみよう．ここでは簡単のために，金属膜による吸収や位相変化がないと仮定する．空気中におかれた平行平板の厚さを d，屈折率を n とし，振幅 1 の平行光が入射角 θ で入射するとする．光は板の上面で一部反射し，一部は屈折透過する．上面における振幅反射率を r_1，振幅透過率を t_1，底面における振幅反射率を r_2，平板から空気中への振幅透過率を $\overline{t_1}$ とする．

図のように，最初の反射による光の振幅反射率を I，底面で 1 回反射して出射してくる光の振幅反射率を II，さらに上面，底面で反射して出射してくる光を III, IV,$\cdots$ と表し，透過光に対して，I′, II′, III′, IV′,$\cdots$ と表す．平行平板中の光路差は 4.5 節の式 (4.33) の δ を利用し，$\delta'(=\delta-\pi)$ とする．振幅反射率の総和 r は

$$\begin{aligned}
r &= \mathrm{I} + \mathrm{II} + \mathrm{III} + \mathrm{IV} + \cdots \\
&= r_1 + t_1 r_2 \overline{t_1} \mathrm{e}^{i\delta'} + t_1 r_2 \mathrm{e}^{i\delta'} r_2 r_2 \overline{t_1} \mathrm{e}^{i\delta'} + t_1 r_2 \mathrm{e}^{i\delta'} r_2 r_2 \mathrm{e}^{i\delta'} \overline{t_1} r_2 r_2 \mathrm{e}^{i\delta'} + \cdots \\
&= r_1 + t_1 \overline{t_1} r_2 \mathrm{e}^{i\delta'} (1 + r_2^2 \mathrm{e}^{i\delta'} + r_2^4 \mathrm{e}^{2i\delta'} + r_2^6 \mathrm{e}^{3i\delta'} + \cdots) \\
&= r_1 + t_1 \overline{t_1} r_2 \mathrm{e}^{i\delta'} \left(\frac{1}{1 - r_2^2 \mathrm{e}^{i\delta'}} \right)
\end{aligned} \tag{4.44}$$

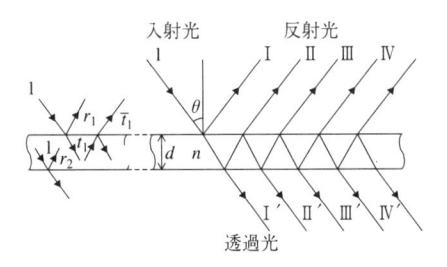

図 4.12 繰り返し反射干渉 [6)]

と書ける．ここで $r_1 = -r_2$（反射率の公式 (2.60) および (2.70) 参照）の場合

$$r = r_1 - \frac{t_1 \overline{t_1} r_1 \mathrm{e}^{i\delta'}}{1 - r_1^2 \mathrm{e}^{i\delta'}} = \frac{r_1 \left\{ 1 - (r_1^2 + t_1 \overline{t_1}) \mathrm{e}^{i\delta'} \right\}}{1 - r_1^2 \mathrm{e}^{i\delta}} \tag{4.45}$$

と書ける．ここで

$$r_1^2 + t_1 \overline{t_1} = 1 \tag{4.46}$$

より（振幅反射率および振幅透過率の公式参照）

$$r = \frac{r_1(1 - \mathrm{e}^{i\delta'})}{1 - r_1^2 \mathrm{e}^{i\delta'}} \tag{4.47}$$

となる．反射強度 $I_\mathrm{r}(= |r|^2)$ は $R = |r_1|^2$ とすると

$$I_\mathrm{r} = \frac{(2 - 2\cos\delta')R}{1 + R^2 - 2R\cos\delta'} = \frac{4R\sin^2\dfrac{\delta'}{2}}{(1-R)^2 + 4R\sin^2\dfrac{\delta'}{2}} \tag{4.48}$$

となる．ここで

$$F = \frac{4R}{(1-R)^2} \tag{4.49}$$

とおくと

$$I_\mathrm{r} = \frac{F\sin^2\dfrac{\delta'}{2}}{1 + F\sin^2\dfrac{\delta'}{2}} \tag{4.50}$$

となる．一方，透過強度 I_t は平行平板による吸収がないとすると

$$I_\mathrm{r} + I_\mathrm{t} = 1 \tag{4.51}$$

から

$$I_\mathrm{t} = \frac{1}{1 + F\sin^2\dfrac{\delta'}{2}} \tag{4.52}$$

となる．式から明らかなように，透過強度は $\delta' = 2\pi m$（m は整数）で極大，$\delta' = (2m+1)\pi$ で極小になる．反射強度はその逆になる．

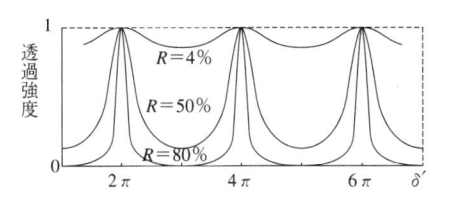

図 4.13 繰り返し反射干渉の強度分布

透過強度を平行平板の上面の反射率 $R(=|r_1^2|)$ をパラメータとしてグラフにすると，図 4.13 に示すように飛び飛びの位置でピークを示す．さらに，反射率の増大によって干渉縞の半値幅が減少して鮮鋭になっていくことがわかる．光が完全に透過するのは $\delta' = 2\pi m$ のとき，すなわち

$$m\lambda = 2nd\cos\theta_2 \tag{4.53}$$

となり，光の透過方向と波長の間には一定の関係がある．ここで得られた関係式は，マイケルソン干渉計の式 (4.13) および等傾角干渉縞の式 (4.34) と同様で，広がりのある光源に対しては透過光は集光レンズの焦平面上で同心円を描く．したがって，この平行平板を使って分光も可能になる．平板の厚さが 1cm 前後（可視光で数万波長）でも非常に高分解能 ($\lambda/\Delta\lambda \approx 10^6$) の分光が可能になる．このような使い方をするとき，平行平板をエタロン分光器と呼んでいる．

上に述べた原理は，2 枚の平面鏡（わずかな透過率をもつ）を十分に平行性をもたせて配置させた光学系に対しても同様に成り立つ．この光学系は発明者の名にちなんでファブリー–ペロー干渉計と呼ばれ，高分解能の分光器やレーザー共振器に利用されている．

[問 4.7] 繰り返し反射干渉縞の鋭さを表すのに下図のような干渉縞の極大透過強度の 1/2 を示す縞の幅，すなわち半値幅 γ を用いる．式 (4.52) を利用して半値幅 γ と反射率 R の関係を求めよ．

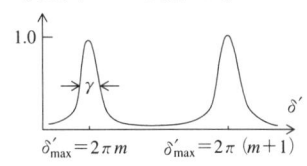

第5章

光の回折

レーザーのような干渉性のよい光をスリットに入射させると光が広がる．その広がり方は，スリットの幅が狭くなるにつれて大きくなる．同じように，レーザーを細かな網の目状の物体に当てると広がりのある複雑な透過パターンが見られる．このような光の直進を妨げるような微小物体による光の広がりを回折と呼んでおり，光の波動性を示す重要な性質のひとつである．

ホイヘンスの原理による光の伝播の説明は定性的に非常にわかりやすい概念であったが，回折現象を上手く説明できなかった．フレネルはホイヘンスの原理に加え，干渉による2次波の重ね合わせによって回折現象が説明できることを示した．その後，キルヒホッフは，ホイヘンス–フレネルの考え方を基礎にし，波動方程式を出発点にして回折積分の公式を導き，定量的な回折現象の解析に適用した．

この章では，フレネルの考え方とそれを定式化したキルヒホッフの理論を概観し，いくつかの回折像の例を紹介する．

5.1　フレネルの考え方

図 5.1 に示すように，点光源 P_0 から出た光は球面波 Σ となって伝播していく．このとき，点 P_0 から距離 r_0 の点 Q における光の変位 $U(Q)$ は

5.1 フレネルの考え方

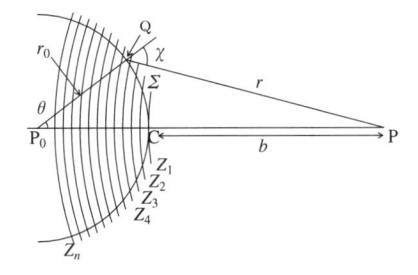

図 5.1 フレネル帯の構成 [10]

$$U(\mathrm{Q}) = \frac{Ae^{ikr_0}}{r_0} \tag{5.1}$$

と書ける．ここで，A は単位の半径をもつときの光波の振幅とする．次に，波面 Σ からはホイヘンスの原理にしたがって 2 次波が出ていく．観測点 P における波面 Σ 上の微小面積 $d\sigma$ からの 2 次波の寄与は

$$dU(\mathrm{P}) = K(\chi)\frac{Ae^{ikr_0}}{r_0} \cdot \frac{e^{ikr}}{r}d\sigma \tag{5.2}$$

となる．ここで $K(\chi)$ は χ によって変わる傾斜係数 (inclination factor) とし，$\chi = 0$ で最大，$\chi = \pi/2$ で 0 と考える．P 点での光の変位は Σ 面上のすべての波源からの寄与を考えると

$$U(\mathrm{P}) = \frac{Ae^{ikr_0}}{r_0} \iint_\Sigma \frac{e^{ikr}}{r} K(\chi) d\sigma \tag{5.3}$$

となる．

フレネルは式 (5.3) の積分を以下のように計算した．まず，点 P と点 $\mathrm{P_0}$ を結ぶ直線が Σ と交わる点を C とし，P を中心として半径 PC ($= b$)，$b + \lambda/2$，$b + 2\lambda/2$，$b + 3\lambda/2$，$\cdots$ のような半波長ずつ変化する同心球面群を考え，これらと Σ の交線によって Σ を帯状に分割する．これらの帯群から点 P への光の寄与を計算した結果，$U(\mathrm{P})$ は最初の帯 (Z_1) から出る 2 次波の 2 分の 1 に等しいことがわかった．この考え方が大筋で正しいことは次節以下で明らかになる．

[問 5.1] 図 5.1 の輪帯 $Z_j (j = 1, 2, \ldots, n)$ における傾斜係数がそれぞれ一定値 K_j と表されるとき，点 P における振幅 $U(\mathrm{P})$ に対するこの輪帯 Z_j

96　第5章　光の回折

からの光の寄与は，式 (5.3) の微小面積 $d\sigma$ からの光を考えると

$$U_j(\mathrm{P}) = 2i\lambda(-1)^{j+1}K_j \frac{Ae^{ik(r_0+b)}}{r_0+b}$$

と表されることを示せ．この式を利用して $U(\mathrm{P}) = U_1(\mathrm{P})/2$ が求められることを示せ．

(ヒント)：輪帯の微小面積 $d\sigma = r_0^2 \sin\theta d\theta d\phi$ の積分変数 θ を変数 r に変換し，輪帯の積分を行え．ここで，θ は $\mathrm{P_0Q}$ と光軸とのなす角，ϕ は光軸を含む基準面からの回転角を表す．

5.2　キルヒホッフの回折積分

キルヒホッフは，回折現象を定式化するために，ホイヘンス–フレネルの考え方を基礎にして，図 5.2 のように光源と観測点の間に障害物（例えば，ピンホールや微細パターン）がある場合，障害物と観測点を含む閉空間で成り立つ数学的な定理（グリーンの定理）を導入し，波動方程式を境界条件の下で解くことを考えた．

今，図 5.3 に示すような観測点 P を含む体積 V の閉曲面 S を考える．電磁波の波動方程式

$$\nabla^2 \boldsymbol{E} = \mu\varepsilon \frac{\partial^2 \boldsymbol{E}}{\partial t^2} \tag{5.4}$$

から得られる光の変位を，簡単のために，空間成分と時間成分のスカラーで

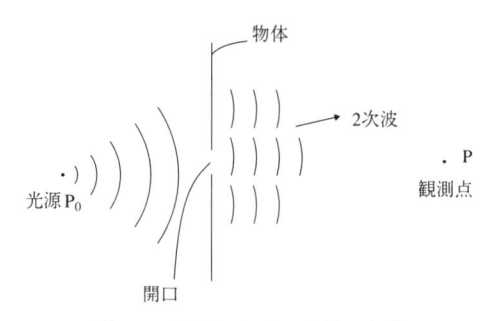

図 5.2　回折による2次波の生成

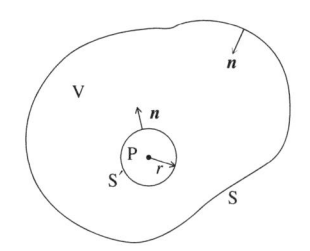

図 **5.3** ヘルムホルツ–キルヒホッフ積分の導出 [10)]

表す．ここで，$v = 1/\sqrt{\mu\varepsilon}$, $kv = \omega$ として

$$E = U(x,y,z)\mathrm{e}^{-i\omega t} \tag{5.5}$$

とおくと，空間成分に関する関数 U はヘルムホルツの式

$$(\nabla^2 + k^2)U = 0 \tag{5.6}$$

を満足する．一方，フレネルの回折の式 (5.3) は面積分で与えられているので，体積積分から面積積分への変換が可能なグリーンの定理を利用する．

グリーンの定理は，任意の 2 つの関数 U, U_0 の 1 次および 2 次導関数が 1 価でかつ閉曲面 S 面上およびその空間内 V で連続であるとすると，次のような体積積分から面積積分への関係を与える（付録 III）．

$$\iiint_\mathrm{V} (U\nabla^2 U_0 - U_0 \nabla^2 U)\mathrm{d}V = -\iint_\mathrm{S} \left(U\frac{\partial U_0}{\partial n} - U_0 \frac{\partial U}{\partial n} \right) \mathrm{d}S \tag{5.7}$$

ここで，$\partial/\partial n$ は S から V 内へ向かう法線 $\bm{n}$ に沿う偏微分を表す（本来のグリーンの定理では外側向き）．左辺の被積分関数をゼロにするために，関数 U_0 がヘルムホルツの式 (5.6) を満足する次のような形を考える．

$$U_0 = \frac{\mathrm{e}^{ikr}}{r} \tag{5.8}$$

と与えると，U_0 は

$$(\nabla^2 + k^2)U_0 = 0 \tag{5.9}$$

を満足し，式 (5.6)，(5.9) を考慮すると，簡単な計算から式 (5.7) の左辺の被積分関数がゼロになることが示される．関数 U_0 は P 点から広がる球面波と考えてよい．しかしながら，$r \to 0$ のとき $U_0 \to \infty$ となるため，P 点は特

異点となる．そのため，グリーンの定理の適用は点 P を除いて考えなければならない．

P を中心とする半径 r の球面 S′ を考え，注目する空間 V は S と S′ の間の空間とする．そうすると

$$\iint_{S+S'} \left(U\frac{\partial U_0}{\partial n} - U_0 \frac{\partial U}{\partial n} \right) dS = 0 \tag{5.10}$$

が求まる．面積積分は外側の閉曲面 S と内側の球面 S′ に分けて

$$\iint_S \left(U\frac{\partial U_0}{\partial n} - U_0 \frac{\partial U}{\partial n} \right) dS + \iint_{S'} \left(U\frac{\partial U_0}{\partial n} - U_0 \frac{\partial U}{\partial n} \right) dS = 0 \tag{5.11}$$

となる．

今，球面 S′ 上の積分を先に計算すると，$\bm{n}$ の方向は r と一致するので，立体角 Ω を用いると

$$\frac{\partial}{\partial n} = \frac{\partial}{\partial r}, \ dS' = r^2 d\Omega \tag{5.12}$$

と置き換えられる．よって

$$\iint_{S'} \left\{ U\frac{\partial}{\partial r}\left(\frac{e^{ikr}}{r}\right) - \frac{e^{ikr}}{r}\frac{\partial U}{\partial r} \right\} dS'$$
$$= \iint_{\Omega} \left\{ U\frac{e^{ikr}}{r}\left(ik - \frac{1}{r}\right) - \frac{e^{ikr}}{r} \cdot \frac{\partial U}{\partial r} \right\} r^2 d\Omega$$
$$= \iint_{\Omega} \left(ikrU - U - r\frac{\partial U}{\partial r} \right) e^{ikr} d\Omega \tag{5.13}$$

となる．ここで，$r \to 0$ とすると，上の式は $-4\pi U(\mathrm{P})$ となり，式 (5.11) に代入すると，観測点 P におけるの光の変位は

$$U(\mathrm{P}) = \frac{1}{4\pi} \iint_S \left\{ U\frac{\partial}{\partial n}\left(\frac{e^{ikr}}{r}\right) - \frac{e^{ikr}}{r}\frac{\partial U}{\partial n} \right\} dS \tag{5.14}$$

と表せ，閉曲面 S のみの面積分に帰着させることができる．この式をヘルムホルツ–キルヒホッフの積分と呼ぶ．

[問 5.2] 式 (5.8) を用いて式 (5.9) を導け．

5.3 開口による回折

式 (5.14) で表した積分の式は，任意の閉曲面 S 上の光波から，その内側にある観測点 P における光の変位が求められることを一般的に示している．実際の回折の問題では，図 5.4 に示すようなつい立ての一部に開口がある場合を想定している場合が多い．簡単のために，閉曲面を開口部 S_1，つい立ての部分 S_2，P を囲む残りの部分 S_3 の 3 つに分ける．光源は開口部の左側に配置する．

観測点 P における光の変位 $U(\mathrm{P})$ は

$$U(\mathrm{P}) = \frac{1}{4\pi}\left[\iint_{S_1} + \iint_{S_2} + \iint_{S_3}\right]\left\{U\frac{\partial}{\partial n}\left(\frac{e^{ikr}}{r}\right) - \left(\frac{e^{ikr}}{r}\right)\frac{\partial U}{\partial n}\right\}dS \tag{5.15}$$

のように 3 つの積分に分けられる．光源から開口部 S_1 までの距離を r_0 とすると，S_1 上では

$$U = \frac{A e^{ikr_0}}{r_0} \tag{5.16}$$

と書けるとし，法線の単位ベクトル $\boldsymbol{n}$ と距離 r_0 を

$$\boldsymbol{n} = (n_{x_0}, n_{y_0}, n_{z_0}) \tag{5.17}$$

$$r_0 = \sqrt{x_0^2 + y_0^2 + z_0^2} \tag{5.18}$$

とすると

$$\frac{\partial U}{\partial n} = \frac{\partial U}{\partial x_0}\frac{\partial x_0}{\partial n} + \frac{\partial U}{\partial y_0}\frac{\partial y_0}{\partial n} + \frac{\partial U}{\partial z_0}\frac{\partial z_0}{\partial n}$$

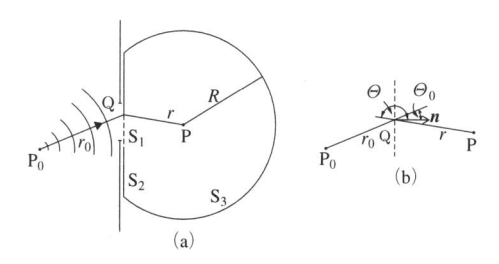

図 5.4 フレネル–キルヒホッフ回折積分の導出 [10]

$$= \frac{\partial U}{\partial r_0}\left(\frac{\partial r_0}{\partial x_0}\frac{\partial x_0}{\partial n}+\frac{\partial r_0}{\partial y_0}\frac{\partial y_0}{\partial n}+\frac{\partial r_0}{\partial z_0}\frac{\partial z_0}{\partial n}\right)$$

$$= \frac{A e^{ikr_0}}{r_0}\left(ik-\frac{1}{r_0}\right)\left(\frac{x_0}{r_0}n_{x_0}+\frac{y_0}{r_0}n_{y_0}+\frac{z_0}{r_0}n_{z_0}\right)$$

$$= \frac{A e^{ikr_0}}{r_0}\left(ik-\frac{1}{r_0}\right)\cos\Theta_0 \tag{5.19}$$

となる.ここで Θ_0 は法線と入射光線とのなす角である.同様に

$$\frac{\partial}{\partial n}\left(\frac{e^{ikr}}{r}\right) = \frac{e^{ikr}}{r}\left(ik-\frac{1}{r}\right)\cos\Theta \tag{5.20}$$

が求まる.ここで Θ は法線と P から引いた線分とのなす角である.

次に,S_2 上では明らかに

$$U=0, \quad \frac{\partial U}{\partial n}=0 \tag{5.21}$$

が成り立つ.さらに,観測点 P を中心にして半径 R で描いた球面 S_3 からの光波の寄与は R を大きくすると振幅が小さくなり,表面積も大きくなって次第に干渉性が悪くなっていく.結局 S_3 からの寄与はなくなると仮定しても問題はない.以上の計算結果を式 (5.15) に代入して

$$\frac{1}{r_0^2},\frac{1}{r^2}\cong 0$$

とすると

$$U(\mathrm{P})=\frac{iA}{2\lambda}\iint_{S_1}\frac{e^{ik(r+r_0)}}{r r_0}(\cos\Theta-\cos\Theta_0)\mathrm{d}S \tag{5.22}$$

が求まる.この式をフレネル–キルヒホッフの回折積分という.

光源が十分遠いとみなされる場合の近似式を求めてみよう.今,図 5.5 に示すように,S_1 を P_0Q を半径 r_0 とする球面で近似すると

$$\cos\Theta_0=1 \tag{5.23}$$

さらに,QP と法線とのなす角を χ とすると,$\Theta=\pi-\chi$ から

$$\cos\Theta=\cos(\pi-\chi)=-\cos\chi \tag{5.24}$$

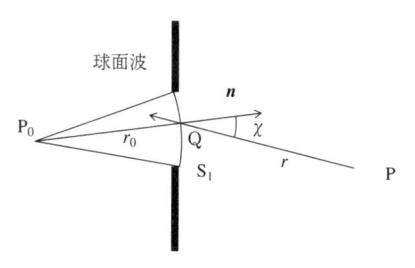

となる．したがって，回折積分の式は

$$U(\mathrm{P}) = -\frac{iA}{2\lambda}\frac{e^{ikr_0}}{r_0}\iint_{\mathrm{S}_1}\frac{e^{ikr}}{r}(1+\cos\chi)\mathrm{d}S \quad (5.25)$$

となる．これをフレネルの求めた式 (5.3) と比べてみると，傾斜係数 $K(\chi)$ は

$$K(\chi) = \frac{-i}{2\lambda}(1+\cos\chi) \quad (5.26)$$

という形になる．さらに $-i = e^{-(\pi/2)i}$ より，回折された波面は直接光に比べ $\pi/2$ の位相の進みが生じることがわかる．

[問 5.3]　式 (5.19) の中で

$$\frac{\partial r_0}{\partial x_0}\frac{\partial x_0}{\partial n} + \frac{\partial r_0}{\partial y_0}\frac{\partial y_0}{\partial n} + \frac{\partial r_0}{\partial z_0}\frac{\partial z_0}{\partial n} = \cos\Theta_0.$$

であることを示せ．

5.4　フラウンホーファー回折とフレネル回折

フレネル–キルヒホッフの回折積分の式 (5.22) をもう少し簡単な形にしてみよう．図 5.6 のような開口 S を考える．これまでは光源と開口までの距離を有限としてきたが，ここでは簡単のために入射光は平面波とし，開口に垂直に入射するとする．式 (5.16) の球面波に対応する入射光の式は

$$U = Ae^{ikz} \quad (5.27)$$

と表せる．さらに，開口が十分に小さいという条件から，開口内の任意の点 Q と観測点 P を結ぶ直線と開口に垂直に立てた法線とのなす角 δ は，開口内

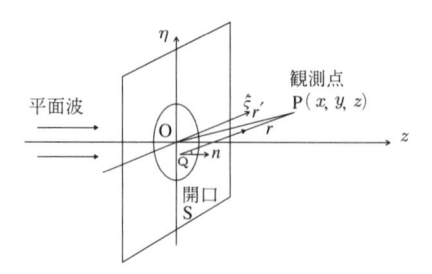

図 5.6 平面開口による回折場の座標

で近似的に一定とみなしてもよい．すなわち，開口内の任意の点と観測点を結ぶ直線と法線との関係は $\chi = \delta$（一定）と近似できる．よって

$$\cos\Theta_0 - \cos\Theta \approx 1 + \cos\delta \tag{5.28}$$

と書ける．

観測点 P から開口の座標原点 O までの距離を r' とすると

$$\frac{1}{r} \approx \frac{1}{r'} \tag{5.29}$$

と近似できる．フレネル–キルヒホッフ積分は，$z = 0$ において

$$U(\mathrm{P}) = \frac{-Ai}{2\lambda} \frac{(1+\cos\delta)}{r'} \iint_S \mathrm{e}^{ikr} \mathrm{d}S \tag{5.30}$$

となる．開口内の点 Q の座標を $\mathrm{Q}(\xi, \eta)$ とすると，図 5.6 より

$$r^2 = (x-\xi)^2 + (y-\eta)^2 + z^2 \tag{5.31}$$

および

$$r'^2 = x^2 + y^2 + z^2 \tag{5.32}$$

より

$$r^2 = r'^2 - 2(x\xi + y\eta) + \xi^2 + \eta^2 \tag{5.33}$$

となり，級数展開すると

$$r = r' - \frac{x\xi + y\eta}{r'} + \frac{\xi^2 + \eta^2}{2r'} + \cdots \tag{5.34}$$

5.4 フラウンホーファー回折とフレネル回折

となる．これを式 (5.30) に代入すると

$$U(\mathrm{P}) = -\frac{iA}{2\lambda}\frac{(1+\cos\delta)}{r'}\mathrm{e}^{ikr'}\iint_{\mathrm{S}} \mathrm{e}^{ik\Delta(\xi,\eta)}\mathrm{d}\xi\mathrm{d}\eta \tag{5.35}$$

と書ける．ここで

$$\begin{aligned}\Delta(\xi,\eta) &= r - r' \\ &= -\frac{x\xi + y\eta}{r'} + \frac{\xi^2 + \eta^2}{2r'} + \cdots\end{aligned} \tag{5.36}$$

である．さらに，回折光の方向に関して

$$p = \frac{x}{r'} \tag{5.37}$$

$$q = \frac{y}{r'} \tag{5.38}$$

とし，ξ, η の 2 次の項まで考えると

$$\Delta(\xi,\eta) = -p\xi - q\eta + \frac{1}{2r'}(\xi^2 + \eta^2) \tag{5.39}$$

となる．2 次の項が無視しうる場合，すなわち

$$\frac{2\pi}{\lambda}\cdot\frac{1}{2r'}(\xi_{\max}^2 + \eta_{\max}^2) \ll \frac{\pi}{2} \tag{5.40}$$

の条件が満たされるとき，開口から観測点までの距離に関して

$$r' \gg \frac{2(\xi_{\max}^2 + \eta_{\max}^2)}{\lambda} \tag{5.41}$$

が成り立つとき

$$\Delta(\xi,\eta) = -p\xi - q\eta \tag{5.42}$$

となる．1 次項のみで近似できる場合をフラウンホーファー回折と呼び，2 次項まで含む場合をフレネル回折と呼ぶ．結局，フラウンホーファー回折は

$$U(\mathrm{P}) = C\iint_{\mathrm{S}} \mathrm{e}^{-ik(p\xi+q\eta)}\mathrm{d}\xi\mathrm{d}\eta \tag{5.43}$$

と表せる．この式から，フラウンホーファー回折は，開口の透過率分布（複素数表現を含む）をフーリエ変換すれば求められることがわかる．

[問 5.4] 式 (5.34) を近似公式を用いて導け．

5.5 フラウンホーファー回折の具体例

フラウンホーファー回折の式は開口の透過率分布をフーリエ変換した形になっているので，単純な形の開口の場合には解析的に回折像を求めることができる．代表的な矩形開口と円形開口のフラウンホーファー回折像を求めてみよう．

ここでは，前節と同様に入射光は平面波とし，開口に垂直に入射するとする．

5.5.1 矩形開口

図 5.7 (a) ような横 $2a$，縦 $2b$ の矩形開口の回折を考える．回折像の変位は式 (5.43) より，開口の振幅透過率を 1 として

$$U(\mathrm{P}) = C \int_{-a}^{a} \int_{-b}^{b} \mathrm{e}^{-ik(p\xi+q\eta)} \mathrm{d}\xi \mathrm{d}\eta$$

$$= C \int_{-a}^{a} \mathrm{e}^{-ikp\xi} \mathrm{d}\xi \int_{-b}^{b} \mathrm{e}^{-ikq\eta} \mathrm{d}\eta$$

$$= C 4ab \left(\frac{\sin kpa}{kpa} \right) \left(\frac{\sin kqb}{kqb} \right) \tag{5.44}$$

となる．回折強度分布は変位の絶対値の 2 乗から

$$I(\mathrm{P}) = C' \left(\frac{\sin kpa}{kpa} \right)^2 \left(\frac{\sin kqb}{kqb} \right)^2 \tag{5.45}$$

と表せる．式から明らかなように，回折強度分布は開口の縦と横の長さの違いを除けば，数学的には同じ形の項の積として表せる．

(a) 矩形開口 (b) 矩形開口の回折強度

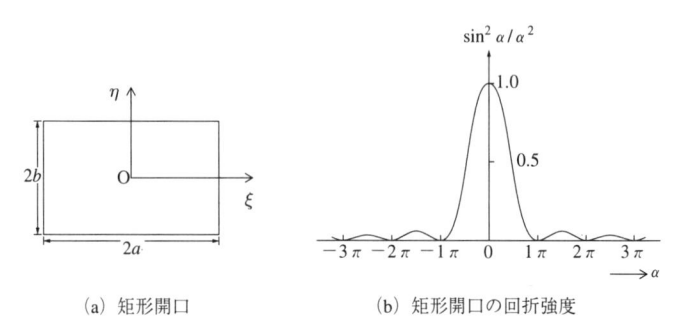

図 **5.7**　矩形開口と回折強度

$kpa = \alpha$ として

$$y = \left(\frac{\sin\alpha}{\alpha}\right)^2 \tag{5.46}$$

を図 5.7 (b) に示す．$\alpha = 0$ では，極限値として $y = 1$ となる．図から明らかなように，極大と極小を繰り返しながら，回折光が広がる様子がわかる．式 (5.46) から，$kpa = N\pi (N = 1, 2, 3, \cdots)$ のとき $I(P) = 0$ となり極小値をもつことが示される．回折方向 p と座標 x の関係は

$$p = \frac{x}{r'} \tag{5.47}$$

なので，極小値を与える x は

$$\frac{2\pi}{\lambda} \cdot \frac{x}{r'} a = N\pi \tag{5.48}$$

から

$$x = \frac{N\lambda r'}{2a} \tag{5.49}$$

と求まる．r' を矩形開口からスクリーンまでの距離とみなすと，$\Delta N=1$ より，極小値を与える x が等間隔になることがわかる．同様に，y 軸方向も

$$y = \frac{N'\lambda r'}{2b} \tag{5.50}$$

の位置で極小値ゼロを与える．開口の幅 $2a$ あるいは高さ $2b$ が小さくなれば，極小値を与える x あるは y の間隔が大きくなることもわかる．縦長のスリットの回折像を求めるには，式 (5.44) の第 2 項を一定として，第 1 項のみで表せばよい．

[問 5.5.1]　式 (5.46) の極小値は $\alpha = N\pi (N = \pm 1, \pm 2, \ldots)$ のとき，極大値は $\alpha = \tan\alpha$ の関係が成り立つとき得られることを示せ．

5.5.2　円形開口

図 5.8 (a) のような半径 ρ_0 の円形開口の回折を考える．開口の対称性から回折像も対称とみなせるので，開口および回折場の座標系をそれぞれの極座標 (ρ, θ), (ω, ψ) で表す．回折像の変位の式 (5.43) に関して，開口の振幅透過率を 1 とし

$$\xi = \rho\cos\theta, \quad \eta = \rho\sin\theta \tag{5.51}$$

106　第5章　光の回折

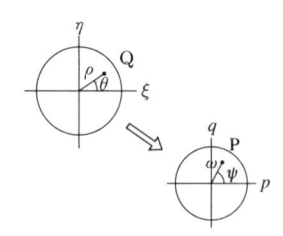

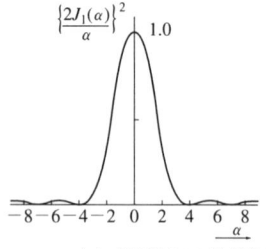

(a) 円形開口のフラウンホーファー回折の座標系　　(b) 円形開口の回折強度

図 5.8　円形開口と回折強度

さらに，回折光の方向余弦 (p, q)

$$p = \frac{X}{r'} = \omega \cos\psi, \quad q = \frac{Y}{r'} = \omega \sin\psi \tag{5.52}$$

を定義する．ここで (X, Y) は回折像の座標とする．

$$p\xi + q\eta = \omega \cos\psi \cdot \rho \cos\theta + \omega \sin\psi \cdot \rho \sin\theta$$
$$= \rho\omega \cos(\theta - \psi) \tag{5.53}$$

と書き直すと，変位 $U(\mathrm{P})$ は

$$U(\omega, \psi) = C \int_0^{\rho_0} \int_0^{2\pi} e^{-ik\rho\omega \cos(\theta-\psi)} \rho \, d\rho \, d\theta \tag{5.54}$$

となる．ここでの積分は簡単な式では表せず，以下のようにベッセル関数を利用することによって求められる．

第1種ベッセル関数 $J_n(x')$ は次のような式で定義される．

$$\frac{i^{-n}}{2\pi} \int_0^{2\pi} e^{ix' \cos\theta} e^{in\theta} d\theta = J_n(x') \tag{5.55}$$

ここで，$n = 0$ のとき，上の式は

$$\int_0^{2\pi} e^{ix' \cos\theta} d\theta = 2\pi J_0(x') \tag{5.56}$$

となる．$U(\omega, \psi)$ の式で，開口が回転対称であることから，$\psi = \pi$ としても一般性は失われない．$\cos(\theta - \pi) = -\cos\theta$ とすると，式 (5.54) から

$$U(\omega) = C \int_0^{\rho_0} \int_0^{2\pi} e^{ik\rho\omega \cos\theta} \rho \, d\rho \, d\theta = 2\pi C \int_0^{\rho_0} J_0(k\rho\omega) \rho \, d\rho \tag{5.57}$$

が導ける．さらに一般的なベッセル関数の性質

$$\frac{d\{x^{n+1}J_{n+1}(x)\}}{dx} = x^{n+1}J_n(x) \tag{5.58}$$

の関係式より，$n=0$ では

$$\int_0^x x'J_0(x')dx' = xJ_1(x) \tag{5.59}$$

と書ける．よって，$x' = k\rho\omega$, $x = k\rho_0\omega$ と置き換えると

$$U(\text{P}) = C'\left\{\frac{2J_1(k\rho_0\omega)}{k\rho_0\omega}\right\} \tag{5.60}$$

が求められる．回折強度は

$$I(\text{P}) = C'^2\left\{\frac{2J_1(k\rho_0\omega)}{k\rho_0\omega}\right\}^2 \tag{5.61}$$

となる．$k\rho_0\omega = \alpha$ として

$$y = \left\{\frac{2J_1(\alpha)}{\alpha}\right\}^2 \tag{5.62}$$

を図 5.8 (b) に示した．回折像は明らかに同心円状になり，極大，極小を繰り返しながら広がる．極小値ゼロを示す α は 1 番目が 1.22π，2 番目が 2.23π 等々，矩形開口よりやや大きめな値をとる．

[問 5.5.2]　式 (5.57) および (5.59) の関係を利用して式 (5.60) を導け．

5.5.3　複数開口による回折

(1) ダブルスリット

隣接した 2 つのスリットに干渉性のある光を入射させ，それぞれの回折光を重ね合わせると干渉縞が生じる．これは「ヤングの干渉実験」としてよく知られている．定量的に干渉縞の様子を調べるには，スリット幅を考慮した回折の計算が必要になる．

前節で述べた矩形開口の回折計算で，y 軸方向を無限の長さとみなすと，スリットによる回折は 1 次元の計算としてよい．今，図 5.9 (a) に示すようにそれぞれのスリットの幅を $2a$，中心間の距離を $2d$ とする．座標の原点を 2 つのスリットの中央とすると，回折場の光の変位は次のように計算できる．

108　第 5 章　光の回折

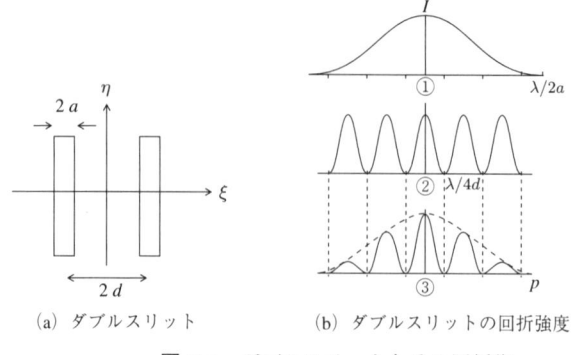

(a) ダブルスリット　　(b) ダブルスリットの回折強度

図 5.9　ダブルスリットとその回折像

$$U(\mathrm{P}) = C \left(\int_{-d-a}^{-d+a} e^{-ikp\xi} d\xi + \int_{d-a}^{d+a} e^{-ikp\xi} d\xi \right)$$

$$= \frac{C}{-ikp} \left\{ e^{ikpd}(e^{-ikpa} - e^{ikpa}) + e^{-ikpd}(e^{-ikpa} - e^{ikpa}) \right\}$$

$$= \frac{C}{-ikp}(e^{-ikpa} - e^{ikpa})(e^{ikpd} + e^{-ikpd})$$

$$= \frac{C}{kp} 2\sin kpa \cdot 2\cos kpd$$

$$= 4Ca \left(\frac{\sin kpa}{kpa} \right)(\cos kpd) \tag{5.63}$$

となる．これから，回折強度は

$$I(\mathrm{P}) = C' \left(\frac{\sin kpa}{kpa} \right)^2 (\cos kpd)^2 \tag{5.64}$$

と表せる．

　式から明らかなように，第 1 項がそれぞれのスリットの形状，すなわちスリット幅の回折による広がりを与え，第 2 項が 2 つのスリットの間の干渉に関する値を与える．それぞれの項が描く曲線は図 5.9 (b) の①，②のように表され，それらの積として図③の曲線が回折強度の式を表す．①の極小値は $p = \lambda/2a$ で与えられ，②の極小値は $p = \lambda/4d$，極大値は $p = \lambda/2d$ で与えられる．図からも明らかなように，一様な強度の干渉縞を作りたいときは，それぞれのスリット幅 $2a$ をなるべく小さくして①の包絡線の幅を広くする必

要がある．

(2) 多数のスリットによる回折（回折格子）

形状の同じ多数のスリットが，周期的に並んだ開口による回折も，同様な計算で求まる．図 5.10 (a) に示すように幅 $2a$ のスリットが中心間隔 $2d$ で N 個並んでいるとする．座標軸の原点を 1 個目のスリットの中心とすると，N 個のスリットによるフラウンホーファー回折は次のように計算される．

$$U(\mathrm{P}) = C \sum_{j=0}^{N-1} \int_{j2d-a}^{j2d+a} \mathrm{e}^{-ikp\xi} \mathrm{d}\xi \qquad (5.65)$$

ここで，$\xi = X + j2d\ (j = 0, 1, 2, \ldots, N-1)$ とおくと

$$U(\mathrm{P}) = C \sum_{j=0}^{N-1} \mathrm{e}^{-ikp(j2d)} \int_{-a}^{a} \mathrm{e}^{-ikpX} \mathrm{d}X \qquad (5.66)$$

と書ける．ここで積分の外の総和は

$$\sum_{j=0}^{N-1} \mathrm{e}^{-ikp(j2d)} = 1 + \mathrm{e}^{-ikp2d} + \mathrm{e}^{-i2kp2d} + \cdots + \mathrm{e}^{-i(N-1)kp2d}$$

$$= \frac{1 - \mathrm{e}^{-iNkp2d}}{1 - \mathrm{e}^{-ikp2d}} \qquad (5.67)$$

となるので

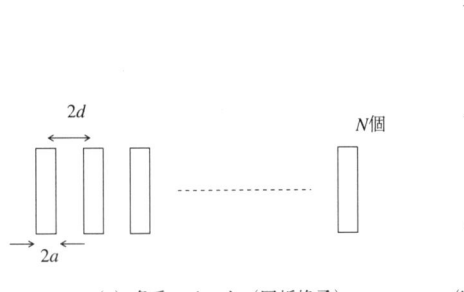

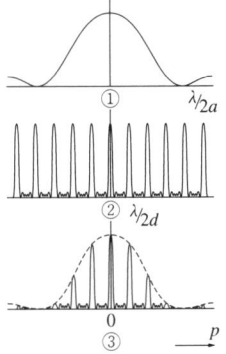

(a) 多重スリット（回折格子）　　(b) 多重スリットによる回折強度[4]

図 **5.10** 多重スリットとその回折像

となる．これから，回折強度は

$$I(\text{P}) = C' \left(\frac{\sin kpa}{kpa} \right)^2 \left\{ \frac{\sin(Nkpd)}{\sin(kpd)} \right\}^2 \tag{5.69}$$

と計算される．第1項が1個のスリットによるフラウンホーファーの回折，第2項がN個のスリットによる干渉効果を表す．$N=2$のとき，式(5.69)がヤングの干渉実験の回折式(5.64)に一致することがわかる．式(5.69)の第2項は，$kpd = \alpha$とおくと

$$\text{第2項} = \left\{ \frac{\sin(N\alpha)}{\sin(\alpha)} \right\}^2$$

と書ける．この式は$\alpha = m\pi$ (mは整数) のとき，すなわち，$p = m\lambda/2d$のとき極大値をとり (図5.10 (b) ②のグラフ)，その値はN^2となる．さらに，$\alpha = m\pi/N$で0になる．ただし，m/N=整数は除く．これらの関係からNの値が大きくなると干渉ピーク値が増大し，その縞の半値幅が狭まることがわかる．干渉ピークを与える波長λは，回折角をθ'とすると$p = x/r' = \sin\theta'$の関係から

$$m\lambda = 2d\sin\theta' \tag{5.70}$$

と表せる（回折格子の公式）．同図グラフ①の極小値は$p = \lambda/2a$で与えられ，回折強度曲線③は単スリットの作る包絡線に沿って値が変化する．

ダブルスリットと多重スリットの回折像から，スリット間の距離が同じであれば，極大値を示す位置はスリットの数によらず，そのピーク値のみが増大することがわかる．

[問 5.5.3] 式(5.68)から式(5.69)を導け．

5.6 フレネル回折

回折の近似式(5.35)で2次の項が無視できない場合，すなわち，開口が比較的大きいかあるいは開口から観測面までの距離が比較的小さいときの回折

5.6 フレネル回折

は,フレネル回折と呼ばれ,フラウンホーファー回折とは異なる回折像を形成する.

簡単のために,ここでも入射光は開口に垂直に入射する平面波と仮定する.このとき,フレネル–キルヒホッフの式 (5.30) は入射光の振幅を A として,$\cos\delta \cong 1$, $r' \cong z$ とすると

$$U(\mathrm{P}) = \frac{-Ai}{\lambda z} \iint_S \mathrm{e}^{ikr} \mathrm{d}S \tag{5.71}$$

と表せる.次に,$(x-\xi)$, $(y-\eta)$ に比べ z は十分に大きいとすると

$$r = \sqrt{z^2 + (x-\xi)^2 + (y-\eta)^2} \cong z + \frac{1}{2z}\left\{(x-\xi)^2 + (y-\eta)^2\right\} \tag{5.72}$$

の近似が成り立つ.開口から z だけ離れた観測面でのフレネル回折の式は

$$U(x,y) = \frac{-Ai}{\lambda}\frac{\mathrm{e}^{ikz}}{z} \iint_S \exp\left[\frac{ik}{2z}\left\{(x-\xi)^2 + (y-\eta)^2\right\}\right] \mathrm{d}\xi \mathrm{d}\eta \tag{5.73}$$

と書ける.式を見てわかるように,フレネル回折の計算では解析的に求められる例は少ない.一般には数値計算による.ここでは,簡単な例として,ピンホール回折とナイフエッジのフレネル回折について述べる.

開口が極めて小さなピンホールとみなせる場合には,開口の振幅透過率をデルタ関数 $\delta(\xi,\eta)$ で近似して表せる(付録 IV 参照).デルタ関数は原点でのみ値をもつ特殊な関数である.式 (5.73) は

$$U(x,y) = \frac{-Ai}{\lambda}\frac{\mathrm{e}^{ikz}}{z} \iint_S \delta(\xi,\eta) \exp\left[\frac{ik}{2z}\left\{(x-\xi)^2 + (y-\eta)^2\right\}\right] \mathrm{d}\xi \mathrm{d}\eta \tag{5.74}$$

と書ける.デルタ関数の性質から,回折波の式は被積分関数に $\xi = 0$, $\eta = 0$ を代入することによって求まる.すなわち,回折波は

$$U(x,y) = C\mathrm{e}^{ik\frac{x^2+y^2}{2z}} \tag{5.75}$$

となる.ここで,C は距離 z が固定されているとして定数とする.この式は,近似的にピンホールを中心にして広がっていく球面波を表し,観測面の座標位置 (x,y) での位相が,原点に対して $k(x^2+y^2)/2z$ だけ遅れていることを意味している.ついでながら

$$U(x,y) = C\mathrm{e}^{-ik\frac{x^2+y^2}{2z}} \tag{5.76}$$

112　第5章　光の回折

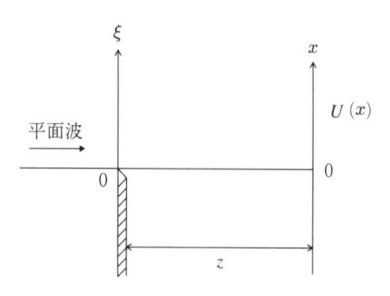

図 5.11　ナイフエッジによるフレネル回折

は原点に対して位相が $k(x^2+y^2)/2z$ だけ進んでいて，観測面から正の位置 z（光軸上）に収束する球面波を表している．

次に，ナイフエッジの回折波の式を求めてみよう．今，図 5.11 に示すような，開口の η 軸に沿ってエッジをもち，$\xi \geqq 0$ の領域が開いている半平面を考える．$-\infty < \eta < \infty$ を考慮すると，式 (5.73) は

$$U(x,y) = \frac{-Ai}{\lambda}\frac{e^{ikz}}{z}\int_0^\infty \exp\left\{\frac{ik}{2z}(x-\xi)^2\right\}d\xi \int_{-\infty}^\infty \exp\left\{\frac{ik}{2z}(y-\eta)^2\right\}d\eta \tag{5.77}$$

となる．ここで，変数 ξ と η を

$$\sqrt{\frac{2}{\lambda z}}(\xi - x) = \alpha, \quad \sqrt{\frac{2}{\lambda z}}(\eta - y) = \beta \tag{5.78}$$

と変数変換すると，α と β の積分範囲はそれぞれ $[-\sqrt{2/\lambda z}\,x, \infty]$，$[-\infty, \infty]$ となり，$\alpha_0 = -\sqrt{2/\lambda z}\,x$ とおくと

$$U(\alpha_0) = \frac{-iAe^{ikz}}{2}\int_{\alpha_0}^\infty \exp\left(\frac{i\pi}{2}\alpha^2\right)d\alpha \int_{-\infty}^\infty \exp\left(\frac{i\pi}{2}\beta^2\right)d\beta \tag{5.79}$$

と書き換えられる．ここで，第2項目の積分は後述の関係式 (5.84) から定数 $(1+i)$ となるので，指数関数を三角関数に書き直して整理すると，式 (5.79) は

$$U(\alpha_0) = B\left(\int_{\alpha_0}^\infty \cos\frac{\pi}{2}\alpha^2 d\alpha + i\int_{\alpha_0}^\infty \sin\frac{\pi}{2}\alpha^2 d\alpha\right) \tag{5.80}$$

と表せる．ここで，B は

$$B = \frac{-i(1+i)Ae^{ikz}}{2} \tag{5.81}$$

とする．ここに現れる積分は，簡単な関数では表せない．積分範囲を $[\alpha_0, 0]$ および $[0, \infty]$ に分けて計算する．式 (5.80) の右辺の積分を

$$S(\alpha_0) = \int_0^{\alpha_0} \sin \frac{\pi}{2}\alpha^2 d\alpha$$

$$C(\alpha_0) = \int_0^{\alpha_0} \cos \frac{\pi}{2}\alpha^2 d\alpha \tag{5.82}$$

の表式を使って表すと

$$U(\alpha_0) = B\left[C(\infty) - C(\alpha_0) + i\left\{S(\infty) - S(\alpha_0)\right\}\right] \tag{5.83}$$

と書ける．式 (5.82) はフレネル積分と呼ばれ，関数表に詳しい数値が与えられている．α を変数にして $C(\alpha)$ を横軸，$S(\alpha)$ を縦軸にしたグラフを図 5.12 (a) に示す．積分の極限に対しては

$$\int_0^{\pm\infty} \cos \frac{\pi}{2}\alpha^2 d\alpha = C(\pm\infty) = \pm\frac{1}{2}$$
$$\int_0^{\pm\infty} \sin \frac{\pi}{2}\alpha^2 d\alpha = S(\pm\infty) = \pm\frac{1}{2} \tag{5.84}$$

の性質があるので，グラフはらせんを描きながら，第 1 象限の $(1/2, 1/2)$ および第 3 象限の $(-1/2, -1/2)$ に収束する．このグラフをコルヌのスパイラルと呼んでいる．$U(\alpha_0)$ から回折像の強度分布は

(a) コルヌのスパイラル　　　　(b) ナイフエッジの回折強度

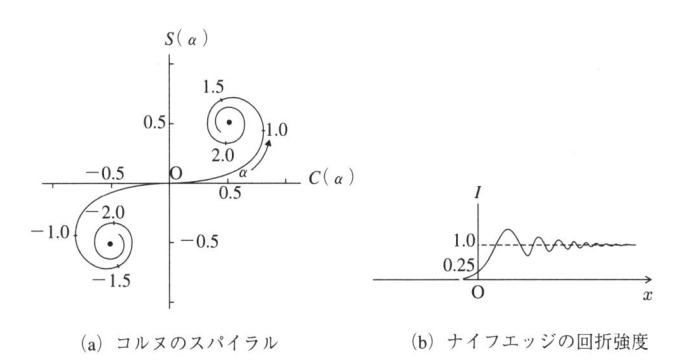

図 5.12 コルヌのスパイラルとナイフエッジの回折強度 [10]

$$I(x) = |U(\alpha_0)|^2 = \frac{A^2}{2}\left[\{C(\infty) - C(\alpha_0)\}^2 + \{S(\infty) - S(\alpha_0)\}^2\right] \quad (5.85)$$

となる．この式の値は，図 5.12 (a) のグラフ上で $P_\infty\{C(\infty), S(\infty)\} = (1/2, 1/2)$ の点から，$P_\alpha\{C(\alpha_0), S(\alpha_0)\}$ の座標点までの距離を 2 乗した値に比例しているので，グラフあるいはフレネル積分の数表を使って直接求めることができる．

図 5.12 (b) に回折強度の計算結果を示す．図から，$x < 0$ の幾何学的影の部分にも光が回り込んでいる様子がわかる．$x > 0$ の領域では，グラフ上のらせんの性質からも明らかなように，回折強度が x の変化に対して増減を繰り返すことが予想できる．詳しい計算によると，$\alpha_0 = -1.217$ で，第 1 極大値（比強度 = 1.370）を与えることが確かめられている．このとき近似的に $x = \sqrt{\lambda z}$ が成り立つ．$x = 0$，すなわち $\alpha_0 = 0$ のとき，$C(0) = S(0) = 0$ なので

$$I(0) = \frac{A^2}{4} \quad (5.86)$$

となり，入射光強度の 1/4 の値になる．また，式 (5.85) で $\alpha_0 \to -\infty$ としたとき，すなわち，開口がすべて開放されているとき（$\xi \to -\infty$）

$$\begin{aligned}I(x) &= \frac{A^2}{2}\left[\{C(\infty) - C(-\infty)\}^2 + \{S(\infty) - S(-\infty)\}^2\right] \\ &= A^2 = I_0(x)\end{aligned} \quad (5.87)$$

となり，入射光強度に一致することがわかる．

ナイフエッジの回折像強度の計算式は特別な場合であるが，一般的な開口や物体のエッジの回折像を定性的に求めるとき，近似的に半平面の計算式を適用してそのパターンを推定することは可能である．

[問 5.6] 式 (5.84) の関係を以下の手順で求めよ．

$$C(\infty) + iS(\infty) = \int_0^\infty e^{i\frac{\pi}{2}\alpha^2} d\alpha$$

とする．ここで積分変数

$$t = \alpha\sqrt{\frac{-i\pi}{2}}$$

を施すと

$$C(\infty) + iS(\infty) = \frac{i+1}{\sqrt{\pi}} \int_0^\infty e^{-t^2} dt$$

と書けることを示せ．右辺の積分はガウスの誤差積分と呼ばれ $\sqrt{\pi}/2$ の値になる．

5.7　レンズのフーリエ変換作用

これまで見てきたように，フラウンホーファー回折条件が成り立つ光学系ではフーリエ変換が利用できるので数学的な取り扱いが容易になる．しかしながら，式 (5.40) のフラウンホーファー回折条件を満足させるには，開口の広がりを考慮すると観測面までの距離が非常に大きくなり実験室内での観測が困難になる．この問題を解決する手段として凸レンズを用いる方法がある．凸レンズは，任意の角度で入射する平行光を焦平面上に集光する性質をもっているので，結果的にその焦平面上にフラウンホーファー回折像を形成させることができる．以下では回折積分を利用してこの性質の定式化を試みる．

今，図 5.13 のように凸レンズの前焦平面上に物体をおき，後焦平面で回折像を観測するとする．物体の振幅透過率を $u(\xi,\eta)$ とし，平面波を光軸に平行に物体に入射させると，レンズ直前における光の変位 $u_l(l,m)$ は，式 (5.73) を参考にして

$$u_l(l,m) = C_0 \iint u(\xi,\eta) \exp\left\{ik\frac{(l-\xi)^2 + (m-\eta)^2}{2f}\right\} d\xi d\eta \quad (5.88)$$

と表せる．ここで，f はレンズの焦点距離とする．

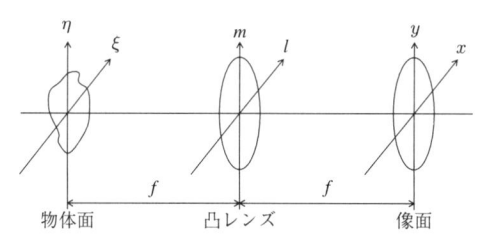

図 **5.13**　凸レンズのフーリエ変換光学系

116   第5章 光の回折

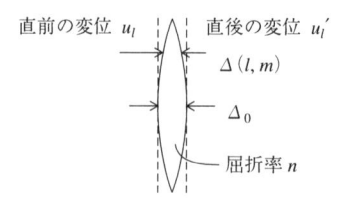

図 5.14 レンズの断面

次に，レンズの透過関数を求める．レンズの断面を図 5.14 に示す．光軸上のレンズの厚さを Δ_0 とし，レンズ上の座標 (l,m) における厚さを $\Delta(l,m)$ とする．レンズの座標 (l,m) を透過する光の位相の変化 $\Psi(l,m)$ は

$$\Psi(l,m) = k \times 光路長$$
$$= k\{\Delta_0 - \Delta(l,m) + n\Delta(l,m)\} \tag{5.89}$$

と表せる．この位相変化の式を使うとレンズの透過関数 t_l は

$$t_l(l,m) = \exp\{i\Psi(l,m)\}$$
$$= \exp(ik\Delta_0)\exp\{ik(n-1)\Delta(l,m)\} \tag{5.90}$$

となる．よって，レンズを透過した直後の光の変位 u_l' は

$$u_l' = t_l u_l(l,m) \tag{5.91}$$

と表せる．

ここで，レンズの振幅透過率 t_l の具体的な形を求めてみる．レンズを前半分と後半分の2つの部分に分けて考える．レンズの座標 (l,m) における厚さを

$$\Delta(l,m) = \Delta_1(l,m) + \Delta_2(l,m) \tag{5.92}$$

で表し，中心部における厚さを

$$\Delta_0 = \Delta_{01} + \Delta_{02} \tag{5.93}$$

で表す．それぞれの記号は図 5.15 (a) および (b) に示す．レンズの前半分の位置 (l,m) の厚さは，図より

5.7 レンズのフーリエ変換作用

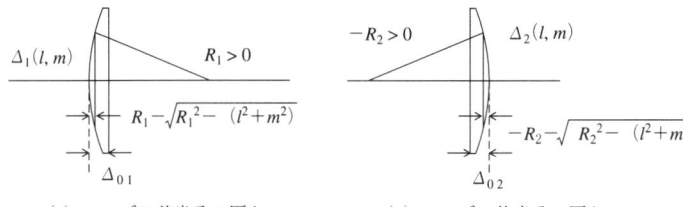

(a) レンズの前半分の厚さ (b) レンズの後半分の厚さ

図 **5.15** レンズの厚さ

$$\Delta_1(l,m) = \Delta_{01} - \left\{ R_1 - \sqrt{R_1^2 - (l^2 + m^2)} \right\}$$
$$\cong \Delta_{01} - \frac{l^2 + m^2}{2R_1} \tag{5.94}$$

と近似できる．同様にして，レンズの後半分も

$$\Delta_2(l,m) = \Delta_{02} + \frac{l^2 + m^2}{2R_2} \tag{5.95}$$

と求まる．ここで，$R_2 < 0$ であることに注意．よって

$$\Delta(l,m) = \Delta_{01} + \Delta_{02} - \frac{l^2 + m^2}{2}\left(\frac{1}{R_1} - \frac{1}{R_2}\right)$$
$$= \Delta_0 - \frac{l^2 + m^2}{2}\left(\frac{1}{R_1} - \frac{1}{R_2}\right) \tag{5.96}$$

となる．ここで，レンズの公式 (3.24)

$$(n-1)\left(\frac{1}{R_1} - \frac{1}{R_2}\right) = \frac{1}{f} \tag{5.97}$$

を利用してレンズの透過率 t_l の式に代入して整理すると

$$t_l = \exp(ikn\Delta_0)\exp\left\{-ik\frac{(l^2+m^2)}{2f}\right\} \tag{5.98}$$

が求まる．

ここで，$u_l = 1$ の場合，すなわちレンズに平行光が入射したときの場合を初めに考えてみよう．レンズ直後の光の変位は

$$u'_l = t_l \tag{5.99}$$

第5章 光の回折

となるので，レンズの後焦点での変位は

$$u_f(x,y) = C_0' \iint t_l \exp\left\{ik\frac{(x-l)^2+(y-m)^2}{2f}\right\} \mathrm{d}l\,\mathrm{d}m$$

$$= C_0' \exp(ikn\Delta_0) \exp\left\{ik\frac{(x^2+y^2)}{2f}\right\}$$

$$\iint \exp\left\{ik\frac{-(xl+ym)}{f}\right\} \mathrm{d}l\,\mathrm{d}m \tag{5.100}$$

と表される．積分はレンズの開口部分に対して実行されるので，後焦点における光の変位は開口（レンズの形）のフーリエ変換に比例することがわかる．

次に，一般的な場合を求めてみよう．レンズ直後の光の変位は

$$t_l u_l = C_1 \iint u(\xi,\eta) \exp\left\{ik\frac{(l-\xi)^2+(m-\eta)^2}{2f}\right\} \times \exp\left\{-ik\frac{(l^2+m^2)}{2f}\right\} \mathrm{d}\xi\mathrm{d}\eta$$

$$= C_1 \iint u(\xi,\eta) \exp\left\{ik\frac{(\xi^2+\eta^2)}{2f} - ik\frac{(\xi l+\eta m)}{f}\right\} \mathrm{d}\xi\mathrm{d}\eta \tag{5.101}$$

と表せるので，レンズ面から像焦点までの回折積分は，再び式 (5.73) の形式を利用して計算できる．後焦平面上の光の変位 $u_f(x,y)$ は

$$u_f(x,y) = C_2 \iint t_l u_l \exp\left\{ik\frac{(x-l)^2+(y-m)^2}{2f}\right\} \mathrm{d}l\,\mathrm{d}m$$

$$= C_3 \exp\left\{ik\frac{(x^2+y^2)}{2f}\right\} \iiiint u(\xi,\eta) \exp\left\{ik\frac{(\xi^2+\eta^2)}{2f}\right\}$$

$$\times \exp\left[ik\left\{\frac{(l^2+m^2)}{2f} - \frac{2(\xi l+\eta m)}{2f} - \frac{2(lx+my)}{2f}\right\}\right]$$

$$\mathrm{d}\xi\,\mathrm{d}\eta\,\mathrm{d}l\,\mathrm{d}m \tag{5.102}$$

と書ける．ここで，被積分関数の変数 l, m に関する積分

$$P = \iint \exp\left[ik\left\{\frac{(l^2+m^2)}{2f} - \frac{2(\xi l+\eta m)}{2f} - \frac{2(lx+my)}{2f}\right\}\right] \mathrm{d}l\,\mathrm{d}m \tag{5.103}$$

を求めるために，次のような変数変換を施す．

$$l' = \left(\frac{k}{2f}\right)^{\frac{1}{2}} \{l-(x+\xi)\} \to \mathrm{d}l' = \left(\frac{k}{2f}\right)^{\frac{1}{2}} \mathrm{d}l \tag{5.104}$$

$$m' = \left(\frac{k}{2f}\right)^{\frac{1}{2}} \{m-(y+\eta)\} \to \mathrm{d}m' = \left(\frac{k}{2f}\right)^{\frac{1}{2}} \mathrm{d}m \tag{5.105}$$

と置き換えると

$$P = \frac{2f}{k} \exp\left[-\frac{ik}{2f}\{(x+\xi)^2 + (y+\eta)^2\}\right] \times \iint \exp\{i(l'^2 + m'^2)\}\mathrm{d}l'\mathrm{d}m' \tag{5.106}$$

となる．積分は式 (5.84) のフレネル積分を利用して求められ定数となる．この式を $u_f(x,y)$ に代入すると，ξ, η, x, y の 2 次の項が消えて

$$u_f(x,y) = C_3' \iint u(\xi,\eta) \exp\left\{-ik\frac{(x\xi+y\eta)}{f}\right\} \mathrm{d}\xi\mathrm{d}\eta \tag{5.107}$$

が求まる．式 (5.107) は，物体の振幅透過率のフーリエ変換になっている．

レンズのフーリエ変換作用を利用すると，比較的大きな物体でも有限の距離でフラウンホーファー回折が得られる．

[問 5.7]　式 (5.103) に変数変換，式 (5.104) および (5.105) を施して式 (5.106) を求めよ．

5.8　望遠鏡と顕微鏡の分解能

天体観測や小さな細胞の観察に望遠鏡や顕微鏡は欠かせない道具になっている．何世紀にもわたる研究開発の結果，現在では理論限界に近い分解能に至っている．これらの装置では，倍率を大きくすることで分解能がいくらでも向上すると思われていたが，回折理論の進歩によりその限界がはっきりした．ここでは，前節までに述べた回折現象を利用して，望遠鏡と顕微鏡の分解能を求めてみる．

5.8.1　望遠鏡の分解能

望遠鏡の倍率 M は，3 章の式 (3.55) で示したように

$$M = \frac{f_1}{f_2} \tag{5.108}$$

で与えられた．ただし，f_1 は対物レンズ，f_2 は接眼レンズの焦点距離である．したがって，対物レンズの焦点距離と接眼レンズの焦点距離の比を大きくすればするほど，倍率が上がる．実際に，望遠鏡の大きさは次第に巨大化し，3.5 節で述べた「すばる」望遠鏡は対物レンズ（反射鏡）の直径が 8m を越え

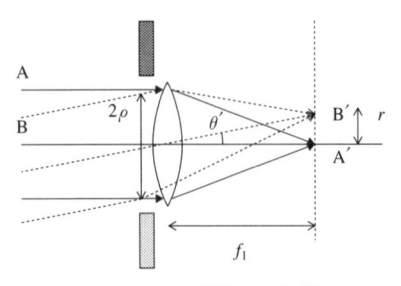

図 5.16 望遠鏡の分解能

ている．望遠鏡の場合，入射光は近似的に平行光とみなされるので，なるべく大きな開口の方が取り込む光の量が増え，微弱な星の観測が可能になる．

望遠鏡の光学系では，一般に対物レンズで物体の実像を作り，その実像を虫メガネと同じように接眼レンズで拡大して虚像を作り，直接眼で観測する．前節で述べたように，平行光は対物レンズに入射後，焦平面上に集光するが，その集光点のパターンはレンズ（開口）のフーリエ変換によって求められる．

望遠鏡の対物レンズ付近の光学系を図 5.16 に示す．レンズの直径を 2ρ，レンズの焦点距離を f_1，光の波長を λ とする．今，点光源とみなされる 2 つの星からの光を考える．光軸に平行な光 A と光軸と θ' の角度をなす光 B が図のように対物レンズに入射したとする．それぞれの光はレンズの焦平面上に像 A′, B′ を結ぶ．それぞれの像は，理想的な点にはならず，レンズ開口のフーリエ変換で表される回折像になる．像 B′ も像 A′ から距離 r 離れてほぼ同じ強度分布を与える．

回折像を円形開口のフーリエ変換の 2 乗に比例した強度分布とすると，式 (5.61) から

$$I(r) = I_0' \left\{ \frac{2J_1(k\rho\omega)}{k\rho\omega} \right\}^2 \cong I_0' \left\{ \frac{2J_1(z)}{z} \right\}^2 \tag{5.109}$$

が求まる．ここで

$$z = k\rho\theta' \cong \frac{2\pi}{\lambda}\rho\frac{r}{f_1} \tag{5.110}$$

である．角度 θ' が大きいとき，この 2 つの回折像は図 5.17 (a) のように分離して見える．しかしながら，θ' が小さくなってくると，2 つの回折像が重な

5.8 望遠鏡と顕微鏡の分解能

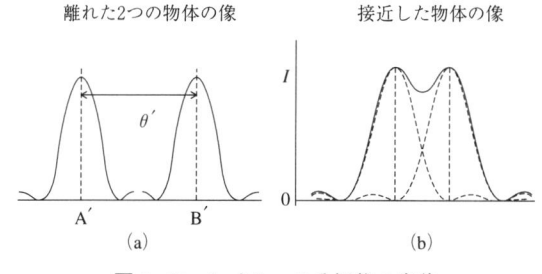

離れた2つの物体の像　　接近した物体の像

(a)　　(b)

図 5.17 レイリーの分解能の定義

りはじめ，次第に分離が不可能になってくる．そこで，2つの像が分離できる限界を図 5.17 (b) のように，隣接するそれぞれの第1極小と最大が重なった位置として定義する（レイリーの分解能）．第1極小値を与える θ' は，式 (5.109) の値が最初に0になる位置から求められる．すなわち

$$I(r_0) = 0 \quad \rightarrow \quad z = 1.22\pi = \rho\frac{2\pi}{\lambda}\theta' \tag{5.111}$$

となる．最小分解可能角度 θ' は

$$\theta' = \frac{0.61\lambda}{\rho} \tag{5.112}$$

となる．この式から明らかなように，望遠鏡の角度分解能は開口の大きさと波長で決まる．

[問 5.8.1] レンズの直径が 10cm，焦点距離 100cm の望遠鏡で波長 500nm の光を放つ星を観測する．星を点物体と仮定すると焦平面での大きさ（ボケ）はどのようになるか．

5.8.2　顕微鏡の分解能

顕微鏡の倍率 M は3章の式 (3.59) で示したように

$$M = \frac{D\delta}{f_1 f_2} \tag{5.113}$$

で与えられた．ただし，f_1 は対物レンズ，f_2 は接眼レンズの焦点距離である．また

$$D \approx 250\text{mm} \tag{5.114}$$

122　第 5 章　光の回折

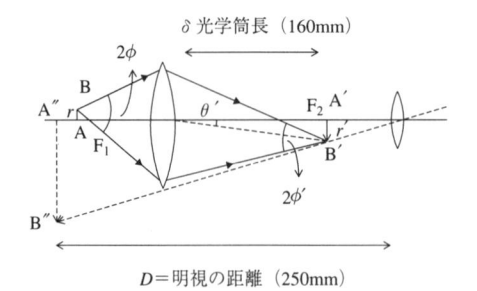

図 5.18　顕微鏡の分解能

は明視の距離

$$\delta \approx 160\,\text{mm} \tag{5.115}$$

は対物レンズの後焦点位置と接眼レンズの前焦点位置との間の距離で，光学筒長と呼ばれる量である．倍率の式からも明らかなように，対物レンズの焦点距離と接眼レンズの焦点距離を小さくすればするほど，倍率が上がる．

　図 5.18 の顕微鏡光学系を参照しながら分解能を求めてみよう．顕微鏡の分解能を回折理論から求める際に注意しなくてはならない点がある．望遠鏡の分解能を求めるときは，観測対象からの光は互いに干渉しないインコヒーレント光として取り扱った．しかしながら，顕微鏡では，非常に接近した微小部分を観察するので，隣接した 2 点は干渉性をある程度保ったまま照明されることになる．このような照明を部分的コヒーレント照明といい，分解能の解析が非常に面倒になる．ここでは，簡単のために干渉性を低くしてインコヒーレントに照明したとして分解能を求めてみる．

　図 5.18 に示したように，照明光は光軸に平行に入射するものとする．レイリーの分解能に対応する物点を点 A および点 B とする．点 A および点 B のそれぞれの像が接眼レンズの前焦平面付近（少しレンズ寄り）にできる．像のボケ r'（ここでは点 A と点 B の像の中心間距離）は，望遠鏡の分解能を与えた式 (5.112) を参照して

$$r' = \theta'\delta = 0.61\lambda\delta/\rho \fallingdotseq 0.61\lambda/\sin\phi' \tag{5.116}$$

となる．ここで，ρ は対物レンズの半径，像点からレンズを見込む角を $2\phi'$ と

した.

物点からレンズを見込む角を 2ϕ とすると，倍率の関係より，近似的に

$$r \sin \phi = r' \sin \phi' \tag{5.117}$$

が成り立つ．ここで，r は点 A と点 B の物体空間での距離で，結局，分解能は

$$r = 0.61\lambda / \sin \phi \tag{5.118}$$

と表される．式 (5.118) は真空中におかれた物体の分解能であり，対物レンズと物体の間の屈折率が n の媒質で満たされている場合には，$\lambda \to \lambda/n$ となるので

$$r = 0.61\lambda / n \sin \phi \tag{5.119}$$

となる．ここに現れる $n \sin \phi$ は開口数と呼ばれている．式 (5.119) から，顕微鏡の分解能を高くするためには，開口数を大きくするか波長 λ を短くすればよいことがわかる．対物レンズと物体の間に屈折率の高い α-ブロムナフタリン（$n=1.66$）を満たせば開口数が増加し分解能が向上する．この方法を油浸法と呼んでいる．

[問 5.8.2] 顕微鏡対物レンズによって拡大された像を，接眼レンズを通して観察するときの眼の分解能は 3×10^{-4} ラジアンとする．大気中におかれた物体を開口数 0.61 の対物レンズで観察するとき，照明光の波長を 500nm とすると最高（最適）倍率はどうなるか．

5.9 ホログラフィー

ホログラフィーは，3 次元の立体的な画像を再現できる手法として広く利用されている．もともとはガボアによって電子顕微鏡の収差を補正して分解能を上げる目的で考え出されたアイデアであるが，レーザーの発明によって一般的に使われるようになった．普通の写真では，ネガフィルムに写っている像は，光の強度分布を記録したものである．この強度分布は，これまでしばしば議論してきた「光の変位」の絶対値の 2 乗に相当するもので，光波の「振幅成分」は含まれているが「位相成分」は消えている．元の写真には風景

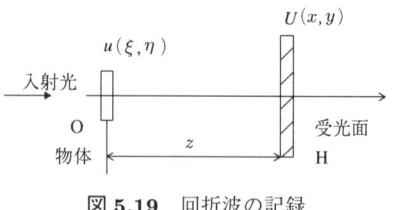

図 5.19 回折波の記録

や人物が正確に写っているが，これはレンズや球面ミラーなどで正確に光の位相成分を捉えているからである．

4 章の干渉の項でも述べたが，レンズのような光学素子は，波長の数分の 1 以上の精度で光の位相を捉えることができるので，物体を正確に像として結ぶことが可能なのである．ここでは，レンズのような結像素子を使わなくても，光波の位相情報を正確に記録し再生するホログラフィーについて述べる．

はじめに，レンズを使わないで物体からの回折波を記録する場合を考えてみよう．今，図 5.19 に示すような光軸近辺にある物体を単色平行光で照明し，その回折波を受光面 H で記録する場合を考える．回折波の変位は，物体の振幅透過率を $u(\xi,\eta)$ とすると，フレネル回折の式 (5.73) を用いて

$$U(x,y) = C \int_{-\infty}^{\infty} \int_{-\infty}^{\infty} u(\xi,\eta) \exp\left\{ik\frac{(x-\xi)^2 + (y-\eta)^2}{2z}\right\} d\xi d\eta$$
$$= A(x,y) \exp\{i\phi(x,y)\} \tag{5.120}$$

と表せる．ここで，$A(x,y)$ は受光面での振幅，$\phi(x,y)$ は位相を表す．

レンズのような結像素子を用いずに，この回折波を直接フィルムなどに投影すると，受光面 H での強度分布は

$$|U(x,y)|^2 = A^2(x,y) \tag{5.121}$$

となる．式からも明らかなように位相成分の $\phi(x,y)$ が消えてしまい，位相の情報が失われてしまうことがわかる．ホログラフィーはこの位相情報を失わないように，基準となる波面（参照波）を重ね合わせて干渉させ，位相を記録する方法である．

(1) ホログラムの記録

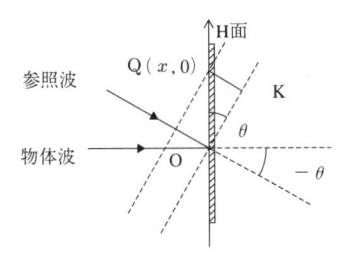

図 **5.20** ホログラムの記録

干渉によって位相情報を記録したものをホログラムと呼んでいる．ホログラムの記録には，基準となる参照波と物体波の干渉を利用する．ここでは，数学的取り扱いを簡単にするために，比較的単純な光学系を考える．

図 5.20 に示すように，物体の回折波は光軸にほぼ垂直に進み，参照波は平面波とし，光軸に対して $(-\theta)$ の角度で受光面（ホログラム面）に入射するとする．ホログラム面上 $Q(x,0)$ における参照波の位相 δ は原点に対して

$$\delta = k\mathrm{QK} = kx\sin(-\theta) \tag{5.122}$$

の位相差（進み）があるので，H 面における参照波の振幅分布 $U_\mathrm{R}(x,y)$ は

$$U_\mathrm{R}(x,y) = B\exp(-ikx\sin\theta) \tag{5.123}$$

と表せる．H 面における物体波は式 (5.120) を用いて

$$U(x,y) = A(x,y)\exp\{i\phi(x,y)\}$$

とする．

参照波と物体波の重ね合わせ（干渉）による H 面での強度分布は

$$\begin{aligned}I(x,y) &= |U(x,y) + U_\mathrm{R}(x,y)|^2 \\ &= |U(x,y)|^2 + |U_\mathrm{R}(x,y)|^2 \\ &\quad + U(x,y)U_\mathrm{R}^*(x,y) + U^*(x,y)U_\mathrm{R}(x,y)\end{aligned} \tag{5.124}$$

となる．この式の中の第 3 項を具体的に見てみると

$$U(x,y)U_\mathrm{R}^*(x,y) = A(x,y)\exp\{i\phi(x,y)\}B\exp(ikx\sin\theta) \tag{5.125}$$

と表せ，注目する物体波の位相情報が含まれていることがわかる．H 面に写真乾板をおき $I(x,y)$ を記録する．露光条件，現像条件を適当に決め，乾板の振幅透過率 T が次の式で表されるようにする．

$$T(x,y) = \gamma I(x,y) \quad (\gamma は定数) \tag{5.126}$$

この乾板をホログラムと呼んでいる．

(2) ホログラムからの波面再生

ホログラムからの画像再構成には光学的な方法が一般に使われるが，最近はコンピューターを用いたデジタル画像再生も盛んに行われるようになっている．ここでは，光学的な方法について述べる．

図 5.21 にホログラムからの波面再生光学系を示す．ホログラムの記録時と同じ入射角 $(-\theta)$ で，振幅分布 $C_0 \exp(-ikx\sin\theta)$ の再生波を入射させる．ホログラムを通過した光の振幅分布 $R(x,y)$ は

$$R(x,y) = C_0 \exp(-ikx\sin\theta) T(x,y) \tag{5.127}$$

と表せるので，振幅透過率の式を代入すると

$$\begin{aligned}
R(x,y) &= C_0 \exp(-ikx\sin\theta)\gamma \times \\
&\quad \{|U(x,y)|^2 + |U_R(x,y)|^2 + U(x,y)U_R^*(x,y) + U^*(x,y)U_R(x,y)\} \\
&= \gamma\{A(x,y)^2 + B^2\} C_0 \exp(-ikx\sin\theta) \quad \cdots\cdots\cdots R_0 \\
&\quad + \gamma B C_0 A(x,y) \exp\{i\phi(x,y)\} \quad \cdots\cdots\cdots\cdots\cdots R_d \\
&\quad + \gamma B C_0 A(x,y) \exp\{-i\phi(x,y)\} \exp(-2ikx\sin\theta) \cdots R_c
\end{aligned} \tag{5.128}$$

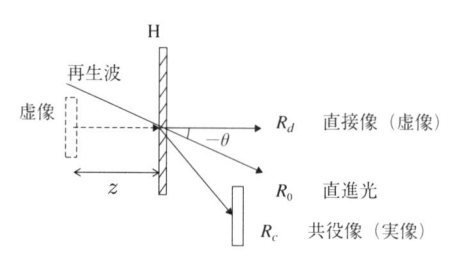

図 5.21 波面再生光学系と再生像

となり，3種類の波面を形成する．

まず，R_0 は再生波の位相が変調されずにそのまま直進することを示す．R_d は再生波によって元の物体の波面が正確に再現されていることを示す（直接像）．実際には，再生波の照明を行いホログラムを右側からのぞくと，元の位置にあたかも物体があるかのごとくに見える波面（虚像）を生じる．R_c は直進する R_0 の光を軸として R_d と対称な方向に実像を結ぶ．それぞれの角度関係は図に示した通りである．

式 (5.128) からも明らかなように，実像 R_c を光軸上に結びたい場合には，再生波を光軸に対して対称な方向から照明すればよい．すなわち，再生波振幅を $C_0 \exp(ikx\sin\theta)$ とすれば，第3項 R_c は

$$R_c = \gamma B C_0 A(x,y) \exp\{-i\phi(x,y)\} \quad (5.129)$$

となり，ホログラム面 H と対称な位置に元の物体の実像を結ぶことがわかる．このように R_c は元の物体をほぼ忠実に再現するので共役像と呼ばれている．

以上の議論からも明らかなように，ホログラムの後方に再生される波面は，元の物体からの波面に正確に一致する．上に述べた関係式は2次元的な取り扱いであったが，立体的な3次元物体についても基本的な考え方に変わりはない．ホログラムを通して見る物体が，あたかも目の前にあるかのごとくに見えるのは，以上のような関係からいえることである．ホログラフィーの原理は，波動一般に関しても成り立つ．ここで述べた光以外の波動，例えば電子線やX線，超音波などにも広く応用されている．

[問 5.9] 図 5.21 の波面再生において，再生波を光軸に対して入射角 θ で照明したとき，ホログラム透過後の像の位置はどうなるか．

第6章

いろいろな偏光

　これまで議論してきた光波は，光の振動方向，すなわち，電場ベクトルの向きによって光の変位が影響を受けない場合を扱ってきた．光の振動方向に依存しない光波は変位をスカラーとして扱うことができた．本章では，光の変位が振動方向に依存する偏光について，その基本的な性質と結晶内での伝播現象について述べる．偏光の性質は，光の位相制御に非常に重要な役割を果たし，実用的な応用も多い．

6.1 真空中を伝播する平面波

　光が電場と磁場の振動によって空間を伝播する電磁波の一種であることは1.2 節で述べた．光の 3 次元的な伝播の様子を表現するために，図 6.1 に示すような真空中の直交座標系 $O-xyz$ の z 軸に沿って伝播する平面波の電場ベクトルと磁場ベクトルを定義する．電場ベクトル $\boldsymbol{E}(\boldsymbol{r},t)$ は

$$\boldsymbol{E}(\boldsymbol{r},t) = (E,0,0)\cos\{k(z-ct)+\Delta\} \tag{6.1}$$

磁場ベクトル $\boldsymbol{H}(\boldsymbol{r},t)$ は

$$\boldsymbol{H}(\boldsymbol{r},t) = (0,H,0)\cos\{k(z-ct)+\Delta\} \tag{6.2}$$

6.2 等方性媒質中の光の偏光　129

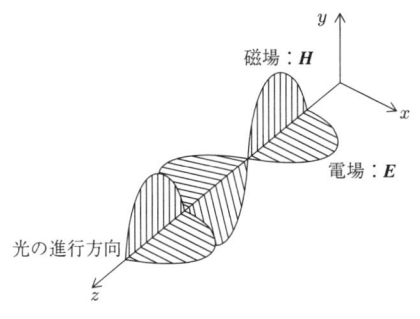

図 6.1 電磁波の構造

と表せる．ここで，k は波数，c は光速，Δ は初期位相とし，電場と磁場の位相は等しいことに注意する．さらに，電場ベクトルの大きさ E と磁場ベクトルの大きさ H の間には付録 II の式 (A.21) から

$$H = \sqrt{\frac{\varepsilon_0}{\mu_0}} E \tag{6.3}$$

の関係がある．1 章でも述べたように，光学で取り扱う媒質はほとんどの場合，電場の性質が重要な働きをするので，通常，電場の振動する面のみに注目し，その振動面（今の場合 $0 - xz$ 面）を偏光面と呼ぶ．特に，上のような式で表される平面波を直線偏光と呼ぶ．

[問 6.1]
$$\boldsymbol{E}(\boldsymbol{r}, t) = (E, E, 0) \cos\{k(z - ct) + \Delta\}$$

で表される電場ベクトルの偏光面は xz 面に対して何度傾いているか．

6.2 等方性媒質中の光の偏光

真空中を含め，一般に気体や液体，固体のガラスやプラスチックなどは，光の進行方向によって屈折率の違いがない等方性の媒質である．このような媒質中を伝播する光波の偏光について考えてみよう．

z 軸に沿って伝播している光波の x, y 成分の伝播速度を

$$v_x = v_y = v = \frac{c}{n} \tag{6.4}$$

とする．ただし，n は媒質の屈折率である．$z = z$ における電場の変位を

$$\boldsymbol{E}(z, t) = \{E_x(z, t), E_y(z, t)\} \tag{6.5}$$

とすると，一般に

$$\begin{aligned} E_x(z, t) &= A_x \cos\{k(nz - ct)\} \\ E_y(z, t) &= A_y \cos\{k(nz - ct) + \delta\} \end{aligned} \tag{6.6}$$

と表せる．ここで，δ は電場の x 成分と y 成分の初期位相の差で，y 成分が x 成分に比べ位相が δ だけずれ（遅れ）ていることを示している．

これらの式から，$z = 0$ での合成電場を求めてみよう．式 (6.6) から

$$\begin{aligned} E_x &= A_x \cos(kct) \\ E_y &= A_y \cos(kct - \delta) = A_y (\cos kct \cos \delta + \sin kct \sin \delta) \end{aligned} \tag{6.7}$$

となるので

$$\begin{aligned} \cos kct &= E_x / A_x \\ \sin kct &= \left(-\frac{E_x}{A_x} \cos \delta + \frac{E_y}{A_y} \right) / \sin \delta \end{aligned} \tag{6.8}$$

から，それぞれの式の 2 乗和 $= 1$ として

$$\left(\frac{E_x}{A_x} \right)^2 + \left(\frac{E_y}{A_y} \right)^2 - 2 \cos \delta \frac{E_x}{A_x} \frac{E_y}{A_y} - \sin^2 \delta = 0 \tag{6.9}$$

が求まる．ここで

$$\delta = \pm \frac{\pi}{2}, \pm \frac{3}{2} \pi, \pm \frac{5}{2} \pi, \ldots$$

のとき，上の式は

$$\frac{E_x^2}{A_x^2} + \frac{E_y^2}{A_y^2} = 1 \tag{6.10}$$

となり，電場成分の軌跡は楕円を表す．一般に，式 (6.9) のような 2 次形式の判別式 D は

$$D = \begin{vmatrix} \dfrac{1}{A_x^2} & \dfrac{-\cos \delta}{A_x A_y} \\ \dfrac{-\cos \delta}{A_x A_y} & \dfrac{1}{A_y^2} \end{vmatrix} = \frac{\sin^2 \delta}{(A_x A_y)^2} > 0 \tag{6.11}$$

6.2 等方性媒質中の光の偏光　131

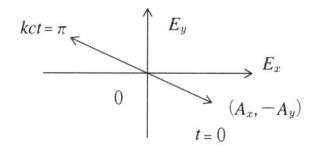

図 6.2 直線偏光 $(\delta = \pi)$

となるので，式 (6.9) は楕円を表すことがいえる．

いくつかの特別な値の δ について，合成電場の例を見てみよう．合成電場の図は，観測者が z 軸の正の位置から原点方向を見たとして描く．

例 1　$\delta = \pi$ のとき

$$E_x = A_x \cos kct$$
$$E_y = A_y \cos(kct - \pi) = -A_y \cos kct = -\frac{A_y}{A_x} E_x$$

となり，合成電場は原点を通る直線になる．図 6.2 に $t=0$ から $t=\pi/kc$ までの半周期分を示す．明らかに直線偏光になることがわかる．

例 2　$\delta = \pi/2$ のとき

$$E_x = A_x \cos kct, \quad E_y = A_y \cos\left(kct - \frac{\pi}{2}\right) = A_y \sin kct$$

から，式 (6.10) と同様な

$$\frac{E_x^2}{A_x^2} + \frac{E_y^2}{A_y^2} = 1$$

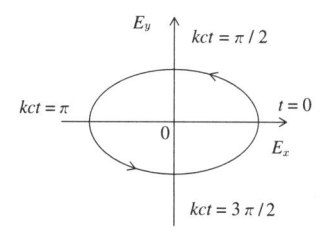

図 6.3 左回り楕円偏光 $(\delta = \pi/2)$

が求まる．図 6.3 からも明らかなように，時間の経過とともに反時計回りに，電場が変化するので，左回り楕円偏光になる．同様にして，$\delta = -\pi/2$ のとき右回り楕円偏光になることが示される．

例 3　$A_x = A_y = A$, $\delta = \pi/2$ のとき左回り円偏光，$\delta = -\pi/2$ のとき右回り円偏光になることは容易にわかる．光の伝播と右回り円偏光の生成（$z = z$ における電場ベクトルの時間経過の軌跡）の様子を図 6.4 に示す．合成電場ベクトルが $z = z$ におかれたスクリーンに時間の経過を追って投影されていくと考える．

[問 6.2]　式 (6.9) に次のような座標変換を施すことにより，同式を楕円の標準形に変形できることを示せ．

$$E_x = E'_x \cos\theta - E'_y \sin\theta$$
$$E_y = E'_x \sin\theta + E'_y \cos\theta$$

ここで，θ は原点のまわりの回転角とする．

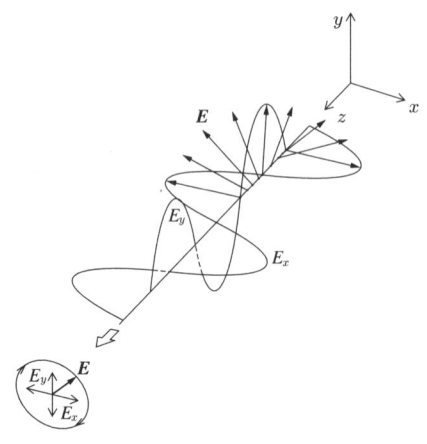

図 6.4　右回り円偏光 ($A_x = A_y = A$, $\delta = -\pi/2$)[9]

6.3　異方性媒質（結晶）中の光の伝播

これまで，光を伝える媒質はガラスやプラスチックなどのように，光学的に等方であり，光の進行方向や偏光の違いが光の伝播には無関係であるとしてきた．しかしながら，結晶では，原子の並び方が方向によって異なったり，光学的性質も方向によって変わる場合もある．ここでは，結晶中を伝わる電磁波の一般的な性質を導き，具体的な現象に適用してみる．

誘電体中でのマクスウェルの方程式は，付録 I の式 (A.8), (A.9) のように真空の誘電率 ε_0 と透磁率 μ_0 をその物質の誘電率 ε と透磁率 μ で置き換えた式で与えられる．前にも述べたように，透磁率 μ は μ_0 とほとんど変わらず，物質の効果は誘電率 ε を通してのみ現れる．

誘電体中の電束密度 $\boldsymbol{D}$ と電場 $\boldsymbol{E}$ との関係は分極 $\boldsymbol{P}$ が加わった

$$\boldsymbol{D} = \varepsilon \boldsymbol{E} = \varepsilon_0 \boldsymbol{E} + \boldsymbol{P} \tag{6.12}$$

で表される．分極は物質に電場が加わったときの電荷のズレによって生じる．等方性の媒質ではこのズレは加えた電場の方向に起こり，$\boldsymbol{E}$ と $\boldsymbol{P}$ が平行なので $\boldsymbol{E}$ と $\boldsymbol{D}$ も平行になり，ε をスカラーとして扱ってきた．しかしながら，結晶のような異方性の物質では誘電率が方向によって異なる．一般的には ε を応力テンソルと同じ形式で書き表すことができる．すなわち

$$\begin{pmatrix} D_x \\ D_y \\ D_z \end{pmatrix} = \begin{pmatrix} \varepsilon_{xx} & \varepsilon_{xy} & \varepsilon_{xz} \\ \varepsilon_{yx} & \varepsilon_{yy} & \varepsilon_{yz} \\ \varepsilon_{zx} & \varepsilon_{zy} & \varepsilon_{zz} \end{pmatrix} \begin{pmatrix} E_x \\ E_y \\ E_z \end{pmatrix} \tag{6.13}$$

と書ける．誘電率の行列を誘電率テンソル ($\boldsymbol{\varepsilon}$) という．さらに，$\boldsymbol{\varepsilon}$ が対称テンソル，すなわち $\varepsilon_{ij} = \varepsilon_{ji}$ の場合，直交座標軸の方向を選んで

$$\begin{pmatrix} D_x \\ D_y \\ D_z \end{pmatrix} = \begin{pmatrix} \varepsilon_x & 0 & 0 \\ 0 & \varepsilon_y & 0 \\ 0 & 0 & \varepsilon_z \end{pmatrix} \begin{pmatrix} E_x \\ E_y \\ E_z \end{pmatrix} \tag{6.14}$$

の形にすることができる．このような座標系をその物質の電気的主軸座標系，$\varepsilon_x, \varepsilon_y, \varepsilon_z$ を主誘電率という．

134　第 6 章　いろいろな偏光

ε がテンソルであることから，波動ベクトル $\boldsymbol{k}$ と $\boldsymbol{E}$ が必ずしも垂直とはいえない場合がある．$\boldsymbol{D}$ と $\boldsymbol{E}$ との関係を求めてみよう．平面波を

$$\boldsymbol{E} = \boldsymbol{E}_0 \exp i(\boldsymbol{k} \cdot \boldsymbol{r} - \omega t + \phi) \tag{6.15}$$

と表すと，簡単な計算から

$$\nabla \times \boldsymbol{E} = i\boldsymbol{k} \times \boldsymbol{E} \tag{6.16}$$

となり，さらに演算を施すと

$$\nabla \times (\nabla \times \boldsymbol{E}) = -\boldsymbol{k} \times (\boldsymbol{k} \times \boldsymbol{E}) \tag{6.17}$$

が導ける．

次に，付録 VI のベクトルの公式を利用すると

$$-\boldsymbol{k} \times (\boldsymbol{k} \times \boldsymbol{E}) = \boldsymbol{E}(\boldsymbol{k} \cdot \boldsymbol{k}) - \boldsymbol{k}(\boldsymbol{k} \cdot \boldsymbol{E}) \tag{6.18}$$

と変形できる．一方，電束密度 $\boldsymbol{D}$ も

$$\boldsymbol{D} = \boldsymbol{D}_0 \exp i(\boldsymbol{k} \cdot \boldsymbol{r} - \omega t + \phi) \tag{6.19}$$

の形に表せるので，マクスウェルの方程式，付録 I の式 (A.2) より

$$\nabla \times \boldsymbol{H} = \frac{\partial \boldsymbol{D}}{\partial t} = -i\omega \boldsymbol{D} \tag{6.20}$$

が求まる．同様にして，付録 I の式 (A.1) より

$$\nabla \times \boldsymbol{E} = -\frac{\partial \boldsymbol{B}}{\partial t} = i\omega \boldsymbol{B} = i\omega \mu \boldsymbol{H} \tag{6.21}$$

となる．結局，式 (6.17) の左辺は

$$\nabla \times (\nabla \times \boldsymbol{E}) = \nabla \times (i\omega\mu \boldsymbol{H}) = i\omega\mu(\nabla \times \boldsymbol{H}) = \mu\omega^2 \boldsymbol{D} \tag{6.22}$$

と表せる．

式 (6.18) と (6.22) から，$\mu = \mu_0$ とおくと

$$\boldsymbol{D} = \frac{1}{\mu_0 \omega^2} \left\{ k^2 \boldsymbol{E} - \boldsymbol{k}(\boldsymbol{k} \cdot \boldsymbol{E}) \right\} \tag{6.23}$$

が得られる．$\boldsymbol{k}$ 方向の単位ベクトルを $\boldsymbol{u}$ とし，$|\boldsymbol{k}| = \omega n/c$ とすると

$$\boldsymbol{D} = \varepsilon_0 n^2 \left\{ \boldsymbol{E} - \boldsymbol{u}(\boldsymbol{E} \cdot \boldsymbol{u}) \right\} \tag{6.24}$$

6.3 異方性媒質(結晶)中の光の伝播

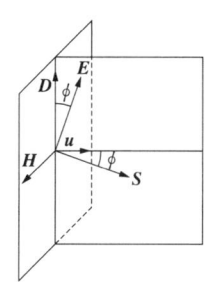

図 6.5 結晶内の D と E の関係

と書くことができる．この式とベクトル u との内積は明らかに 0 になるので D と u が直交していることがわかる．また同様に，D と D の内積を考えると

$$D^2 = \varepsilon_0 n^2 (D \cdot E) \tag{6.25}$$

となるので，D と E のなす角を ϕ とすれば

$$\cos\phi = \frac{1}{\varepsilon_0 n^2} \frac{D}{E} \tag{6.26}$$

が成り立つ．式 (6.23) の関係から D, E, u の 3 つのベクトルは同一平面上にあることがわかり，これらはすべて磁気ベクトル H に直交している．これらの関係を図 6.5 に示す．

エネルギーはポインティングベクトル $S = E \times H$ の方向に流れる．しかしながら，波面の進行方向，すなわち，等位相波面の法線方向はベクトル u と同一であり，エネルギーの伝播方向とは一致しない．したがって，異方性の媒質の場合，光線の方向を考えたのでは，必ずしもスネルの法則が成り立つとは限らない．波面の法線方向の速度を法線速度あるいは位相速度 v_p と呼び

$$v_p = \frac{1}{\sqrt{\varepsilon\mu}} = \frac{1}{\sqrt{\varepsilon_0\mu_0}}\frac{1}{n} = \frac{c}{n} \tag{6.27}$$

となる．エネルギーの流れの方向の速度を光線速度 v_r と呼び，図 6.5 から

$$v_r = \frac{v_p}{\cos\phi} = \frac{c}{n\cos\phi} \tag{6.28}$$

となることがわかる．このように法線速度（位相速度）と光線速度は異方性のある結晶内では異なる．

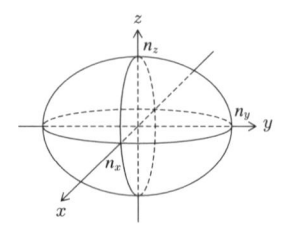

図 6.6 屈折率楕円体

実際の結晶内の光の伝播を考えるために，3つの主誘電率（屈折率）の間の関係式を求める．結晶内の単位体積中に蓄えられる電場のエネルギー U は

$$U = \frac{1}{2}(\boldsymbol{D}\cdot\boldsymbol{E}) = \frac{1}{2}(\varepsilon_x E_x^2 + \varepsilon_y E_y^2 + \varepsilon_z E_z^2) = \frac{1}{2\varepsilon_0}\left(\frac{D_x^2}{n_x^2} + \frac{D_y^2}{n_y^2} + \frac{D_z^2}{n_z^2}\right) \quad (6.29)$$

で与えられる．ここで，x, y, z 軸に関して

$$x = \frac{D_x}{\sqrt{2U\varepsilon_0}}, \quad y = \frac{D_y}{\sqrt{2U\varepsilon_0}}, \quad z = \frac{D_z}{\sqrt{2U\varepsilon_0}} \quad (6.30)$$

と置き換えて式を書き直すと

$$\frac{x^2}{n_x^2} + \frac{y^2}{n_y^2} + \frac{z^2}{n_z^2} = 1 \quad (6.31)$$

となり，図 6.6 に示すような x, y, z 軸との交点がそれぞれ主屈折率 n_x, n_y, n_z となる楕円体になる．これを屈折率楕円体という．この楕円体は結晶内を伝播する光の偏光方向の屈折率を与える．$n_x = n_y = n_z$ の結晶を等方結晶，$n_x = n_y \neq n_z$ の結晶を一軸結晶，$n_x \neq n_y \neq n_z$ の結晶を二軸結晶と呼んでいる．

[問 6.3] 関係式 (6.16)，(6.17) を導け．

6.4 複屈折

屈折率楕円体を利用して，光の進行方向と屈折率の関係を求めてみよう．光の波面の進行方向をベクトル $\boldsymbol{k}$ とする．原点を通りベクトル $\boldsymbol{k}$ に垂直な平面と楕円体の切り口は楕円になり，この楕円の長軸と短軸の方向に $\boldsymbol{D}$ ベクトルの2つの偏光が存在する．これらの2つの偏光に対する屈折率はこの楕

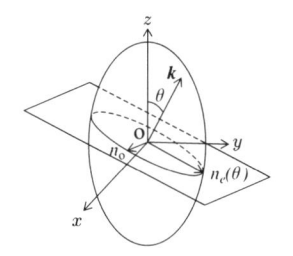

図 6.7　一軸結晶中の光の伝播 $n_x = n_y \neq n_z$

円の長軸と短軸の半分の長さで与えられる．一軸結晶内の光の伝播の様子を見てみよう．

図 6.7 のように，$n_x = n_y \neq n_z$ とする．$n_x = n_y = n_0$，$n_z = n_e$ と置き換えると，式 (6.31) は

$$\frac{x^2}{n_0^2} + \frac{y^2}{n_0^2} + \frac{z^2}{n_e^2} = 1 \tag{6.32}$$

となるが，この式は z 軸のまわりに対称である．2 つの独立な直線偏光の法線（位相）速度が等しくなるとき，その方向を光学軸という．今の場合は，z 軸は光学軸となるが，一般に光学軸に平行な方向を総称して光学軸と呼んでいる．

光学軸方向に進む波動ベクトル k_0 をもつ光について考えると，k_0 の垂直切断面は円となり，屈折率は光の振動方向に関係なく一定になる．一方，k ベクトルが光学軸と角 θ をなす場合は，k の垂直切断面は楕円となり，その長軸方向と短軸方向で屈折率が異なる．図 6.7 からも明らかなように，光学軸 z と k を含む平面（主断面）に垂直な方向に振動する光の屈折率は，k の向きに関係なく一定である．したがって，このような直線偏光は等方性媒質と同じように伝播し，境界面ではスネルの屈折の法則に従う．これを常光線といい，その屈折率 n_0 を常光線屈折率という．これに対して，主断面に平行な振動をもつ光に対する屈折率 $n_e(\theta)$ は k の角度 θ によって n_0 から n_e まで変わる．したがって，境界面ではスネルの屈折の法則が成り立たないため異常光線と呼ばれる．屈折率 n_e を異常光線屈折率という．このように光の振動方向によって屈折が異なる現象を複屈折と呼んでいる．

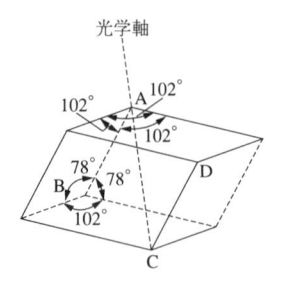

図 6.8 方解石の結晶 [2)]

方解石の複屈折の例を見てみよう．方解石は一軸結晶で著しい複屈折を示すことで知られている．方解石のへき開面で取り出した結晶は図 6.8 のような平行 6 面体で，面間の角度はおよそ 102°と 78°である．光学軸は頂点 A に集まる 3 つの面と等しい角をなす向きにある．図 6.9 は光学軸と稜 AB で定まる平面による結晶の断面である．方解石の常光線屈折率は波長 589nm の光に対して $n_0 = 1.6584$，異常光線屈折率は $n_e = 1.4864$ である．

今，面 BC に垂直に入射する 2 つの直交する振動面をもつ光を考える．一方は，光学軸を含む面に垂直に振動する光とすると，結晶に入射後の波面は，図 6.7 からもわかるように等方的な速度で伝播するので，そのまま屈折せずに進む（図 6.9 (a)）．この光はスネルの屈折の法則に従うので常光線と呼ばれている．他方，光学軸を含む面に平行に振動する光（異常光線）は，光学軸方向へ進む光の速度 v_0 は $v_0 = c/n_0$，光学軸に直角方向に進む光の速度 v_e

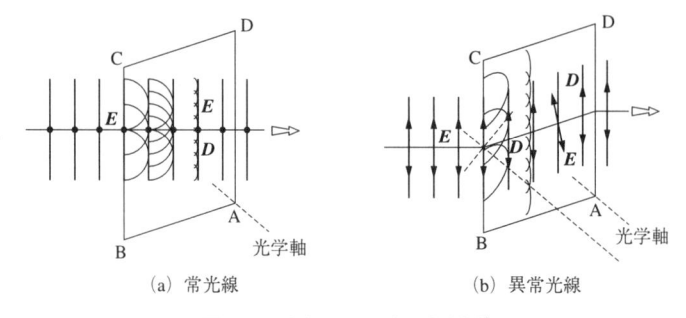

(a) 常光線　　　(b) 異常光線

図 6.9 方解石中の光の伝播 [9)]

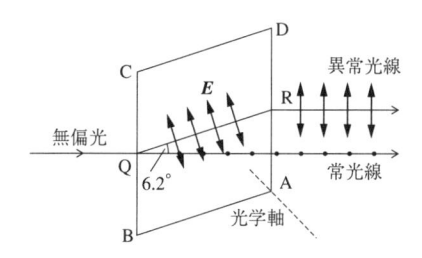

図 **6.10** 方解石の複屈折 [9)]

は $v_e = c/n_e$ となる．これらの中間の方向に進む光の速度 v は $v_0 < v < v_e$ となるので，この光は図 6.9 (b) に示すような楕円状の 2 次波速度分布を示す．異常光線の合成波面はこれらの 2 次波の包絡面で表される．

図 6.10 に示すように，無偏光の光を面 BC に垂直に入射させると，常光線の波面はそのまま AD 面に達し，結晶から出射する．異常光線は BC 面と平行な波面を保ち，QR 方向に進み，AD 面から出射後は常光線と同じ方向へ進む．2 つの光線間の角度はおよそ 6°もあるので，数ミリの厚さの結晶でもはっきりと 2 つの像が観察できる．

[問 6.4]　図 6.9 (b) における異常光線の方解石中での伝播の様子を光学軸に平行な振動面をもつ成分 ($D_\parallel$) と垂直な振動面をもつ成分 ($D_\perp$) に分けて述べよ．

6.5 直線偏光の形成

無偏光の光から偏光を分離したり，光の偏光状態を検出したりする光学素子を偏光子という．代表的な 2 つの例を見てみる．

6.5.1 複屈折を利用した偏光子 (ニコルプリズム)

結晶の複屈折を利用すると無偏光から直線偏光を分離することができる．代表的な例として方解石を利用したニコルプリズムを見てみよう．ニコルプリズムは図 6.11 に示すように，方解石から切り出した 2 個のプリズムをカナ

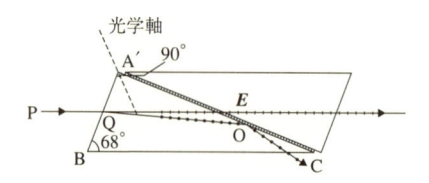

140　第6章　いろいろな偏光

図 6.11　ニコルプリズムの偏光子[2)]

ダバルサムで接合して用いる．カナダバルサムの屈折率 (= 1.55) は，波長 589nm の光に対して，方解石の常光線の屈折率と異常光線の屈折率との間の値になっている．図のように左側から入射した無偏光の光の向きは，光学軸の向きと平行ではないので，常光線と異常光線に分かれて屈折する．

図 6.11 では，紙面に垂直な振動方向をもつ直線偏光が常光線である．2つに分かれた光はカナダバルサムとの境界面で屈折率の違いから異なる振舞いをする．すなわち，常光線に対しては，屈折率の大きな方解石から小さなカナダバルサムに入射するとき，入射角が全反射臨界角を越えると全反射を起こし，図のように，プリズム前方へ透過しない．一方，異常光線は，屈折率が逆の関係にあるので，そのまま透過する．透過光は紙面に平行に偏光しており，進行方向も入射光線と平行であるが，屈折の影響で同一直線上にはないので，プリズムを回転すると出射光がずれる欠点をもっている．

[問 6.5.1]　図のような方解石から切り出した光学軸が紙面に垂直な2個のプリズム P_1, P_2 を接着剤を使わずに組み合わせたものをグランフーコープリズムという．図で $\beta = 50°15'$ である．左側から P_1 の端面に垂直に入射した無偏光の光はプリズム透過後異常光線のみになることを示せ．ここで，$\sin(39°45') = 0.6393$ とする．

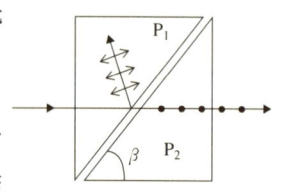

6.5.2　ポラロイド偏光子

偏光子として比較的手軽に取り扱える代表的なものとしてポラロイドがある．これはポリビニールアルコールから人工的に作られたものである．長い

鎖状炭化水素分子からなるポリビニールアルコールシートを一方向に引き延ばし，分子を整列させ，これをヨードを含む溶液に浸し，ヨードを長い鎖状分子に付ける．この状態では，引き伸ばした方向に電子が自由に動くことができるようになる．

　無偏光の光が入射すると，電子はいろいろな方向に振動を始める．鎖に沿って振動する入射光は，振動方向に電子の運動を誘起する．これらの電子は伝導電子として振舞い，一部は原子と衝突してジュール熱としてエネルギーを失い，また一部は光を後方に反射する．一方，鎖に対して直角の方向に振動する入射光は，電子の運動をほとんど誘起しないで，そのまま透過する．このようにして，ポラロイドは一方向の直線偏光を生成する．比較的薄く，切断も容易なので非常に使いやすい．偏光を利用した立体視用のメガネ材料としてもよく用いられる．

[問 6.5.2]　　ポラロイドは無偏光の光に対する透過率，例えば32%の場合 HN-32 と呼ばれている．この同種のポラロイドを透過軸を平行にして2枚重ねた場合，無偏光の光の透過強度はどうなるか．

6.5.3　直線偏光の偏光子透過強度

　直線偏光を偏光子に入射させると，その振動方向が変わるに従って透過光強度が変化する．図 6.12 に示すように，偏光子の透過軸を $0y$ に選び，直線偏光（電場ベクトルの振幅 E_0）が y 軸と θ の角度で入射したとすると，電場ベクトルの y 成分は $E_y = E_0 \cos\theta$ となるので，透過光強度は

$$I = E_0^2 \cos^2\theta \tag{6.33}$$

となる．これをマリュースの法則という．

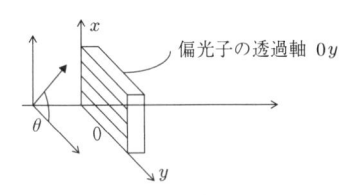

図 6.12　マリュースの法則

この法則を用いれば，任意の直線偏光を偏光子で受け，それを回転させて透過光強度を測定すれば，元の直線偏光の方位がわかる．このような目的で使われる偏光子を特に検光子と呼んでいる．

[問 6.5.3] 右図のような 2 枚の偏光子を透過軸を 30°ずらして重ね合わせた板を考える．無偏光の平行光を板に垂直に入射させたとする．以下の問の透過光の強度を求めよ．

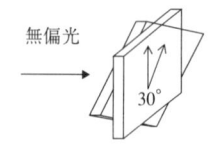

(1) 1 枚目の偏光を通った光の強度
(2) 2 枚目の偏光子を通った光の強度

6.6 偏光の変換と移相子

これまで見てきたように，直交する 2 つの直線偏光成分の間の位相差を変化させることによって，偏光の変換が可能になる．

図 6.13 に示すように，x, y 方向に異方性のある厚さ d の結晶板（屈折率の x 成分 $n_x \neq y$ 成分 n_y）に直線偏光を入射させた場合の偏光の様子を見てみよう．直線偏光の振幅を A とし偏光方向が y 軸と ψ の角度をなすとすると，結晶中での電場の変位は

$$\begin{aligned} E_x(z,t) &= A_x \cos k(n_x z - ct) = A \sin\psi \cos k(n_x z - ct) \\ E_y(z,t) &= A_y \cos k(n_y z - ct) = A \cos\psi \cos k(n_y z - ct) \end{aligned} \quad (6.34)$$

と表せる．ここで

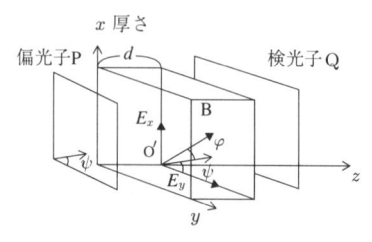

図 **6.13** 結晶板の偏光

6.6 偏光の変換と移相子　143

$$\Theta(d,t) = k(n_x d - ct) \tag{6.35}$$

$$\delta(d) = k(n_y - n_x)d \tag{6.36}$$

とおくと，結晶板通過直後の変位は

$$\begin{aligned} E_x &= A\sin\psi\cos\Theta(d,t) \\ E_y &= A\cos\psi\cos\{\Theta(d,t)+\delta(d)\} \end{aligned} \tag{6.37}$$

と書け，透過光は式 (6.6) からもわかるように，一般に楕円偏光になる．

次に，結晶板直後に偏光子 P の偏光方向と φ の角度をなす偏光を通過させる検光子 Q をおくと，検光子を通過した光の変位（O'B 方向の振動する成分のみ）は

$$\begin{aligned} E_A(d,t) &= E_x(d,t)\sin(\varphi+\psi) + E_y(d,t)\cos(\varphi+\psi) \\ &= A\sin\psi\cos\Theta(d,t)\sin(\varphi+\psi) \\ &\quad + A\cos\psi\cos\{\Theta(d,t)+\delta(d)\}\cos(\varphi+\psi) \end{aligned} \tag{6.38}$$

となる．代表的な δ の値を与えた場合の偏光の様子を見てみよう．

例 1　結晶板が等方性媒質の場合，すなわち $\delta(d)=0$ のとき

$$\begin{aligned} E_A &= A\cos\Theta\,\{\sin\psi\sin(\varphi+\psi) + \cos\psi\cos(\varphi+\psi)\} \\ &= A\cos\Theta\cos\varphi \end{aligned} \tag{6.39}$$

となる．透過光強度 I は時間に関する平均から

$$I = \frac{1}{T_0}\int_0^{T_0} E_A^2 \mathrm{d}t = A^2\left(\frac{1}{T_0}\int_0^{T_0}\cos^2\Theta\mathrm{d}t\right)\cos^2\varphi = \frac{1}{4}A^2(1+\cos 2\varphi) \tag{6.40}$$

となる．式 (6.40) から，検光子の回転 φ とともに透過光強度が正弦関数的に変化する場合，結晶板が等方性媒質であることが確かめられる．

例 2　$\delta(d)=\pi/2$, $\psi=\pi/4$ のとき（左回り円偏光），式 (6.38) は

$$\begin{aligned} E_A &= A\cos\Theta\cdot\frac{1}{2}\left[-\cos\left(\frac{\pi}{2}+\varphi\right)+\cos\varphi\right] \\ &\quad + A\cos\left(\Theta+\frac{\pi}{2}\right)\cdot\frac{1}{2}\left[\cos\varphi+\cos\left(\frac{\pi}{2}+\varphi\right)\right] \\ &= \frac{A}{2}\cos\Theta[\sin\varphi+\cos\varphi] - \frac{A}{2}\sin\Theta[\cos\varphi-\sin\varphi] \end{aligned} \tag{6.41}$$

となる．透過光強度 I は

$$E_A^2 = \left(\frac{A}{2}\right)^2 \cos^2\Theta \left[1 + 2\sin\varphi\cos\varphi\right] + \left(\frac{A}{2}\right)^2 \sin^2\Theta \left[1 - 2\sin\varphi\cos\varphi\right]$$
$$- \left(\frac{A}{2}\right)^2 2\sin\Theta\cos\Theta\left[\cos^2\varphi - \sin^2\varphi\right]$$
$$= \left(\frac{A}{2}\right)^2 \left[1 + \cos2\Theta\sin2\varphi - \sin2\Theta\cos2\varphi\right]$$

から，Θ に関して時間平均すると

$$\frac{1}{T_0}\int_0^{T_0}\cos2\Theta \mathrm{d}t = \frac{1}{T_0}\int_0^{T_0}\sin2\Theta \mathrm{d}t = 0$$

となるので，結局

$$I = \left(\frac{A}{2}\right)^2 \tag{6.42}$$

となる．検光子の φ を回転しても明るさの変化がないので，透過光が円偏光に変換されたことが確かめられる．全く逆の場合，すなわち，円偏光をこの結晶板に右側から入射させた場合は，透過光を直線偏光に変えることができる．このように，直交する直線偏光成分の位相差を変えられる素子を移相子と呼び，位相差を $\pi/2$ だけ変えられる厚さの移相子を特に 1/4 波長板と呼ぶ．

例 3 1/4 波長板としての雲母板（図 6.14）

雲母は 2 軸結晶として知られ，x 軸と y 軸方向の屈折率が異なる結晶板として利用できる．へき開が容易で，厚さも粘着テープを利用したテープ剥離で非常に精度よく決められる．へき開面の平面性もよく，比較的大きな面積が使えるので実用的である．1/4 波長板として利用する場合の厚さを求めてみる．

y 軸方向の振動成分の x 軸方向振動成分に対する位相遅れ (δ) は

$$\delta(d) = \frac{2\pi}{\lambda}(n_y - n_x)d \tag{6.43}$$

と書ける．へき開面内の x 軸成分の屈折率 $n_x = 1.594$，y 軸成分 $n_y = 1.590$ とすると

$$n_y - n_x = -0.004 \tag{6.44}$$

6.7 液晶表示板と偏光　145

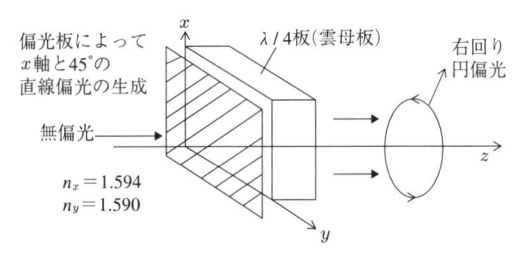

図 6.14　1/4 波長板（雲母）を用いた偏光変換

である．$\lambda = 0.6\mu m$ とすると，$\delta = -\pi/2$ となるためには

$$d = 38\mu m \tag{6.45}$$

の厚さが必要となるが，この厚さの雲母板の製作は比較的容易である．

[問 6.6]　水晶は一軸結晶で，波長 589nm の光に対して常光線屈折率は $n_0 = 1.544$，異常光線屈折率は $n_e = 1.553$ である．波長 589nm の直線偏光を右回り円偏光に変えるにはどのような配置にすればよいか．光学軸の向きと板の厚さを求めよ．座標系は本文に従って考えよ．

6.7　液晶表示板と偏光

偏光を利用した光学機器として液晶を使った表示板がある．液晶はその名の通り，流動性を示す液体であるが，狭い空間に閉じ込めると単結晶化させることができる．単結晶化された液晶は，屈折率などの物理的な性質に異方性を示すので，表示板の利用に広く使われている．表示法の一例を図 6.15 に示す．2 枚の透明な電極にネマティック液晶をはさみ，一方の電極から他方の電極までの間に液晶分子の長軸が図のように 90°回転して並ぶようにしておく．

ネマティック液晶の特徴は，分子の長軸方向はほぼそろっているが，各分子の重心分布は無秩序なことである．偏光板は電極の上下に光の透過方向を直交にした配置にしておく．無偏光の光を入射させると，偏光板によって直線偏光になった光は液晶分子によって振動方向が回転し（旋光性），入射光に

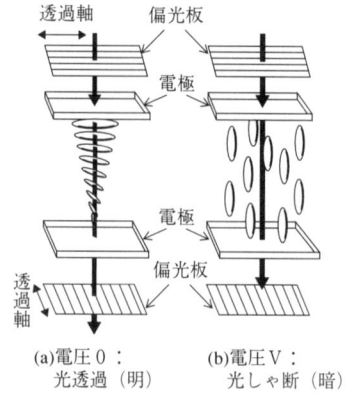

```
            透過軸   偏光板
           ←——→  ↙
         ▭▭▭▭▭
                 電極
         ▭▭▭▭▭    ↙
                                    ▭▭▭▭▭
                                    ▭▭▭▭▭
         ▭▭▭▭▭    ↖
                 電極
         ▭▭▭▭▭
        ↙      偏光板
  透過軸
 ←——→
```

図 **6.15**　偏光を利用した液晶表示板

対して 90°回転した直線偏光となって偏光板を透過する．このようにして電極間の電圧がゼロの状態では光が透過するようにしておく．ここで，電圧を印加すると液晶分子は，図 6.15 のように長軸が電極に垂直の方向に向く．この状態では，液晶の旋光能力が失われ，入射した光の偏光方向はそのままになり，下の偏光板を透過しなくなる．このような動作のしきい値電圧は 1〜2V と低いので，利用範囲が広い．

[問 **6.7**]　図 6.15 で示した液晶表示板を反射型表示板として使うためにはどうしたらよいか．

付　録

I.　電磁波の波動方程式（マクスウェルの方程式）

　一般の媒質中における電場の強さ $\boldsymbol{E}$ と磁場の強さ $\boldsymbol{H}$ は，次のようなマクスウェルの方程式を満足する．（ベクトル公式は「付録 VI」参照）

$$\nabla \times \boldsymbol{E} = -\frac{\partial \boldsymbol{B}}{\partial t} \tag{A.1}$$

$$\nabla \times \boldsymbol{H} = \boldsymbol{i} + \frac{\partial \boldsymbol{D}}{\partial t} \tag{A.2}$$

$$\nabla \cdot \boldsymbol{D} = \rho \tag{A.3}$$

$$\nabla \cdot \boldsymbol{B} = 0 \tag{A.4}$$

ここで $\boldsymbol{B}$ は磁束密度，$\boldsymbol{D}$ は電束密度，$\boldsymbol{i}$ は電流密度，ρ は電荷密度を表す．さらに等方性の媒質中では，誘電率を ε，透磁率を μ，電気伝導率を σ とすると

$$\boldsymbol{D} = \varepsilon \boldsymbol{E} \tag{A.5}$$

$$\boldsymbol{B} = \mu \boldsymbol{H} \tag{A.6}$$

$$\boldsymbol{i} = \sigma \boldsymbol{E} \tag{A.7}$$

の関係がある．

「光学」においては，電荷を含まず ($\rho = 0$)，電流が生じない ($\boldsymbol{i} = 0$) 媒質（誘電体）を取り扱うことが多い．このような場合，マクスウェルの方程式は以下のように書き換えられる．

$$\nabla \times \boldsymbol{E} = -\mu \frac{\partial \boldsymbol{H}}{\partial t} \tag{A.8}$$

$$\nabla \times \boldsymbol{H} = \varepsilon \frac{\partial \boldsymbol{E}}{\partial t} \tag{A.9}$$

$$\nabla \cdot \boldsymbol{E} = 0 \tag{A.10}$$

$$\nabla \cdot \boldsymbol{H} = 0 \tag{A.11}$$

式 (A.9) を両辺時間で微分して式を変形する．

$$\begin{aligned}
\varepsilon \frac{\partial^2 \boldsymbol{E}}{\partial t^2} &= \nabla \times \frac{\partial \boldsymbol{H}}{\partial t} \\
&= -\mu^{-1} \nabla \times (\nabla \times \boldsymbol{E}) \\
&= -\mu^{-1} \{\nabla (\nabla \cdot \boldsymbol{E}) - \nabla^2 \boldsymbol{E}\} \\
&= \nabla^2 \boldsymbol{E} / \mu
\end{aligned} \tag{A.12}$$

すなわち，$\boldsymbol{E}$ は次のような式を満足する．

$$\frac{\partial^2 \boldsymbol{E}}{\partial t^2} = \frac{1}{\mu \varepsilon} \nabla^2 \boldsymbol{E} \tag{A.13}$$

この式は一般に波動方程式と呼ばれ，関数 $\boldsymbol{E}$ が一定の波形・一定の速さで進む波を表していることを示す．速さは

$$v = \frac{1}{\sqrt{\mu \varepsilon}} \tag{A.14}$$

と書ける．同様にして，$\boldsymbol{H}$ も波動方程式を満足することが示される．真空中の ε_0 と μ_0 を用いると，真空中の光速

$$c = \frac{1}{\sqrt{\mu_0 \varepsilon_0}} \tag{A.15}$$

が導かれる．

II.　電場と磁場の関係

電磁波の電場が

$$E = E_0 \exp i(\boldsymbol{k} \cdot \boldsymbol{r} - \omega t + \alpha) \tag{A.16}$$

と書けるとき

$$\nabla \times \boldsymbol{E} = i\boldsymbol{k} \times \boldsymbol{E} = -\mu \frac{\partial \boldsymbol{H}}{\partial t} \tag{A.17}$$

となり，磁場も同様に

$$\boldsymbol{H} = \boldsymbol{H}_0 \exp i(\boldsymbol{k} \cdot \boldsymbol{r} - \omega t + \alpha) \tag{A.18}$$

とすると

$$\frac{\partial \boldsymbol{H}}{\partial t} = -i\omega \boldsymbol{H} \tag{A.19}$$

となる．式 (A.17) と (A.19) から

$$\boldsymbol{H} = \frac{1}{\omega\mu}(\boldsymbol{k} \times \boldsymbol{E}) \tag{A.20}$$

と書ける．$\boldsymbol{u}$ を単位ベクトルとすると，$\boldsymbol{k} = k\boldsymbol{u}$ より

$$\boldsymbol{H} = \frac{k}{\omega\mu}(\boldsymbol{u} \times \boldsymbol{E}) = \frac{1}{v\mu}(\boldsymbol{u} \times \boldsymbol{E}) \tag{A.21}$$

の関係が求まる．

III.　グリーンの定理の導出

グリーンの定理は，任意の2つの関数の1次および2次導関数が1価でかつ閉曲面 S 上およびその空間内 V で連続であるとするとき，体積積分から面積積分への変換の関係を与える．

まず，ガウスの発散定理を既知とする．

$$\int_V \nabla \cdot \boldsymbol{A} \, dV = \int_S \boldsymbol{A} \cdot \boldsymbol{n} \, dS \tag{A.22}$$

ここで，$\boldsymbol{n}$ は S の内部から外部へ向かう単位法線ベクトル $\boldsymbol{n} = (n_x, n_y, n_z)$，$\boldsymbol{A}$ はベクトル関数 $\boldsymbol{A}(x,y,z)$ とする．スカラー関数 $\psi(x,y,z)$ と $\varphi(x,y,z)$ を用いて，$\boldsymbol{A} = \psi \nabla \varphi$ とおくと

$$\int_V \nabla \cdot (\psi \nabla \varphi) dV = \int_S \psi (\nabla \varphi) \cdot \boldsymbol{n} \, dS \tag{A.23}$$

となる．左辺の式は

$$\nabla \cdot (\psi \nabla \varphi) = \psi \nabla^2 \varphi + \nabla \psi \cdot \nabla \varphi \tag{A.24}$$

となり，右辺では

$$\begin{aligned}
\nabla \varphi \cdot \boldsymbol{n} &= \boldsymbol{n} \cdot \nabla \varphi \\
&= n_x \frac{\partial \varphi}{\partial x} + n_y \frac{\partial \varphi}{\partial y} + n_z \frac{\partial \varphi}{\partial z} \\
&= \frac{\partial x}{\partial n} \frac{\partial \varphi}{\partial x} + \frac{\partial y}{\partial n} \frac{\partial \varphi}{\partial y} + \frac{\partial z}{\partial n} \frac{\partial \varphi}{\partial z} \\
&= \frac{\partial \varphi}{\partial n}
\end{aligned} \tag{A.25}$$

と計算できるので，結局

$$\int_V (\psi \nabla^2 \varphi + \nabla \psi \cdot \nabla \varphi) \mathrm{d}V = \int_S \psi \frac{\partial \varphi}{\partial n} \mathrm{d}S \tag{A.26}$$

となる．ψ と φ を入れ替えた式を上の式から両辺引くと

$$\int_V (\psi \nabla^2 \varphi - \varphi \nabla^2 \psi) \mathrm{d}V = \int_S \left(\psi \frac{\partial \varphi}{\partial n} - \varphi \frac{d\psi}{\partial n} \right) \mathrm{d}S \tag{A.27}$$

が得られる．

IV. δ 関数の定義

δ 関数はディラックが量子力学の説明の中で定義した特殊な関数である．基本的な性質として，$x \neq 0$ に対して

$$\delta(x) = 0 \tag{A.28}$$

となること，および

$$\int_{-\infty}^{\infty} \delta(x) \mathrm{d}x = 1 \tag{A.29}$$

を満足することを条件としている．このような性質を有する関数は，いろいろな形の関数式で表すことができる．

δ 関数に関して最もよく用いられる性質は

$$\int_{-\infty}^{\infty} f(x) \delta(x) \mathrm{d}x = f(0) \tag{A.30}$$

である．ここで，$f(x)$ は x の連続関数とする．式 (A.29) が示すように左辺の積分では，$x = 0$ のごく近傍の領域だけが寄与するので

$$\int_{-\infty}^{\infty} f(x)\delta(x)\mathrm{d}x = f(0) \int_{-\infty}^{\infty} \delta(x)\mathrm{d}x$$

と書け，式 (A.29) を用いると式 (A.30) が導ける．

V. よく使う公式

$$\cos x + \cos y = 2\cos\frac{1}{2}(x-y)\cos\frac{1}{2}(x+y)$$

$$\cos x - \cos y = -2\sin\frac{1}{2}(x-y)\sin\frac{1}{2}(x+y)$$

$$\sin x + \sin y = 2\cos\frac{1}{2}(x-y)\sin\frac{1}{2}(x+y)$$

$$\sin x - \sin y = 2\sin\frac{1}{2}(x-y)\cos\frac{1}{2}(x+y)$$

$$\cos(x \pm y) = \cos x \cos y \mp \sin x \sin y$$

$$\sin(x \pm y) = \sin x \cos y \pm \sin y \cos x$$

$$\cos 2x = \cos^2 x - \sin^2 x$$

$$\sin 2x = 2\sin x \cos x$$

$$\cos^2 x = \frac{1}{2}(1 + \cos 2x)$$

$$\sin^2 x = \frac{1}{2}(1 - \cos 2x)$$

$$(1+x)^n = 1 + nx + \frac{1}{2}n(n-1)x^2 + \cdots ; \quad x \ll 1$$

VI. 簡単なベクトル公式

$$\boldsymbol{A} = (A_x, A_y, A_z)$$

$$\boldsymbol{B} = (B_x, B_y, B_z)$$

とする．$\boldsymbol{A}$ と $\boldsymbol{B}$ のなす角を θ とする．

1) 内積　　$\boldsymbol{A} \cdot \boldsymbol{B} = A_x B_x + A_y B_y + A_z B_z$

$$\cos\theta = \frac{\boldsymbol{A} \cdot \boldsymbol{B}}{|\boldsymbol{A}||\boldsymbol{B}|} = \frac{A_x B_x + A_y B_y + A_z B_z}{\sqrt{A_x^2 + A_y^2 + A_z^2}\sqrt{B_x^2 + B_y^2 + B_z^2}}$$

2) 外　積　　$\boldsymbol{A} \times \boldsymbol{B} = (A_y B_z - A_z B_y, A_z B_x - A_x B_z, A_x B_y - A_y B_x)$

3) スカラーの傾き（勾配）

スカラー関数：$\varphi(x, y, z)$，∇：ナブラ

$$\nabla \varphi = \mathrm{grad}\,\varphi = \left(\frac{\partial \varphi}{\partial x}, \frac{\partial \varphi}{\partial y}, \frac{\partial \varphi}{\partial z} \right)$$

4) ベクトルの発散　　$\nabla \cdot \boldsymbol{A} = \mathrm{div}\,\boldsymbol{A} = \dfrac{\partial A_x}{\partial x} + \dfrac{\partial A_y}{\partial y} + \dfrac{\partial A_z}{\partial z}$

ラプラシアン　　$\nabla^2 \varphi = \dfrac{\partial^2 \varphi}{\partial x^2} + \dfrac{\partial^2 \varphi}{\partial y^2} + \dfrac{\partial^2 \varphi}{\partial z^2}$

5) ベクトルの回転　　$\nabla \times \boldsymbol{A} = \mathrm{rot}\,\boldsymbol{A}$

$$= \left(\frac{\partial A_z}{\partial y} - \frac{\partial A_y}{\partial z}, \frac{\partial A_x}{\partial z} - \frac{\partial A_z}{\partial x}, \frac{\partial A_y}{\partial x} - \frac{\partial A_x}{\partial y} \right)$$

6) ベクトルの三重積　　$\boldsymbol{A} \times (\boldsymbol{B} \times \boldsymbol{C}) = \boldsymbol{B}(\boldsymbol{A} \cdot \boldsymbol{C}) - \boldsymbol{C}(\boldsymbol{A} \cdot \boldsymbol{B})$

◎ベクトルの微分の公式

1) $\nabla(\varphi \chi) = (\nabla \varphi)\chi + \varphi(\nabla \chi)$
2) $\nabla \cdot (\varphi \boldsymbol{A}) = (\nabla \varphi) \cdot \boldsymbol{A} + \varphi(\nabla \cdot \boldsymbol{A})$
3) $\nabla \times (\varphi \boldsymbol{A}) = (\nabla \varphi) \times \boldsymbol{A} + \varphi(\nabla \times \boldsymbol{A})$
4) $\nabla \cdot (\boldsymbol{A} \times \boldsymbol{B}) = \boldsymbol{B}(\nabla \times \boldsymbol{A}) - \boldsymbol{A} \cdot (\nabla \times \boldsymbol{B})$
5) $\nabla \times (\nabla \varphi) = 0$
6) $\nabla \cdot (\nabla \times \boldsymbol{A}) = 0$
7) $\nabla \times (\nabla \times \boldsymbol{A}) = \nabla(\nabla \cdot \boldsymbol{A}) - \nabla^2 \boldsymbol{A}$

◎ガウスの定理

$$\int_V \nabla \cdot \boldsymbol{A}\, \mathrm{d}V = \int_S \boldsymbol{A} \cdot \boldsymbol{n}\, \mathrm{d}S$$

閉曲面 S で囲まれた領域 V から流出する量は，閉曲面の法線方向に流れ出る量に等しくなることを表す．体積積分を面積積分に換える公式として使える．$\boldsymbol{n}$ は S の内部から外部に向かう単位法線ベクトル．

参考文献

　本書を執筆するにあたって参考とした主な書物をあげておく．比較的平易なものから本格的な専門書まであるので，適宜参考にされるとよい．

1) 「光学のすすめ」編集委員会：光学のすすめ，オプトロニクス（2000）

2) 山口重雄：屈折率，共立出版（1981）

3) 石黒浩三：光学，裳華房（1982）

4) 櫛田孝司：光物理，共立出版（1997）

5) 辻内順平：光学概論，朝倉書店（1988）

6) 久保田広：波動光学，岩波書店（1971）

7) 吉田正太郎：望遠鏡光学（反射編），誠文堂新光社（1988）

8) F.Jenkins, H.White : Fundamentals of Optics, McGraw-Hill（1976）

9) E.Hecht : Optics, Addison-Wesley（1990）

10) M.Born, E.Wolf : Principles of Optics, Pergamon Press（1970）

問の解答

第 1 章

1.1 左辺の 1 階および 2 階微分を求めてみる．
$$\frac{\partial \Psi}{\partial x} = -2a(x-vt)\mathrm{e}^{-a(x-vt)^2}$$
$$\frac{\partial^2 \Psi}{\partial x^2} = -2a\mathrm{e}^{-a(x-vt)^2} + 4a^2(x-vt)^2\mathrm{e}^{-a(x-vt)^2}$$
右辺も同様にして
$$\frac{\partial \Psi}{\partial t} = 2av(x-vt)\mathrm{e}^{-a(x-vt)^2}$$
$$\frac{\partial^2 \Psi}{\partial t^2} = -2v^2 a\mathrm{e}^{-a(x-vt)^2} + 4v^2 a^2(x-vt)^2\mathrm{e}^{-a(x-vt)^2}$$
波動方程式の両辺が等しくなることがわかる．

1.2 定義に従って正弦関数を表す．
$$E(x+\lambda, t) = A\sin\alpha(x+\lambda-ct)$$
$$E(x, t) = A\sin\alpha(x-ct)$$
より
$$\sin\alpha(x+\lambda-ct) - \sin\alpha(x-ct)$$
$$= 2\sin\frac{1}{2}\alpha\lambda\cos\frac{1}{2}\alpha(2x+\lambda-2ct) = 0$$
任意の時間 t に対して成り立つためには，$\sin(\alpha\lambda/2)$ が常にゼロになればよい．すなわち
$$\frac{1}{2}\alpha\lambda = N\pi \quad (N = \text{整数})$$

よって
$$\alpha = \frac{2N\pi}{\lambda}$$
$N=1$ のとき最も小さな波数をもつ．

1.3
$$\begin{aligned}
\langle \sin^2(kx-\omega t)\rangle &= \frac{1}{T}\int_t^{t+T}\sin^2(kx-\omega t')\mathrm{d}t' \\
&= \frac{1}{T}\int_t^{t+T}\frac{1-\cos 2(kx-\omega t')}{2}\mathrm{d}t' \\
&= \frac{1}{2T}\left[t'+\frac{\sin 2(kx-\omega t')}{2\omega}\right]_t^{t+T} \\
&= \frac{1}{2}\left[1+\frac{\sin 2(kx-\omega t-\omega T)-\sin 2(kx-\omega t)}{2\omega T}\right] \\
&= \frac{1}{2}\left[1+\frac{\sin(-\omega T)\cos(2kx-2\omega t-\omega T)}{\omega T}\right]
\end{aligned}$$
より，$\omega T_0 = 2\pi$ ではカッコ内の第 2 項はゼロ，$\omega T \gg \omega T_0 = 2\pi$ でも同様に第 2 項はゼロに近づく．

1.4
$$\begin{aligned}
I(x) &= \frac{1}{T}\int_0^T |E_1+E_2|^2 \mathrm{d}t \\
&= \frac{A^2}{T}\int_0^T \left|\mathrm{e}^{i(kx-\omega t)}+\mathrm{e}^{i(kx+k\Delta-\omega t)}\right|^2 \mathrm{d}t \\
&= \frac{A^2}{T}\int_0^T \left|1+\mathrm{e}^{ik\Delta}\right|^2 \mathrm{d}t \\
&= \frac{A^2}{T}\int_0^T (2+2\cos k\Delta)\mathrm{d}t \\
&= 2A^2(1+\cos k\Delta) \\
&= 4A^2\cos^2\frac{k\Delta}{2}
\end{aligned}$$

1.5 平面波の進行方向の単位ベクトル $\boldsymbol{u}$ は
$$\boldsymbol{u} = (\cos\theta, \sin\theta, 0)$$
で表されるので，条件式から平面波は
$$E(x,y,t) = A\cos k(x\cos\theta + y\sin\theta - ct)$$
と表せる．

156　問の解答

1.6 球面の表面積 $= 4\pi r^2$，円筒の側面積 $= 2\pi rh$（h は円筒の高さ）を球面波および円筒波の強度の式に掛けてみると，それぞれ $4\pi A^2$, $2\pi hA^2$ となり一定になる．これは元の光のもつ強度（エネルギー）とみなせる．

1.7 図 1.12(a) では，電流の向きは下から上なのでビオサバールの法則から磁場は電流の向きに右ネジを進めた回転方向に生じる．同時に電場は正電荷から負電荷に向かって生じる．負電荷と正電荷の距離が d になり，再び接近を始める図 (b) の状態では電流の向きが上から下になるので，生成される磁場は (a) の逆回転方向になる．負電荷と正電荷が一致する (c) ではいったん電気力線が閉じるが，磁場の向きは変わらない．(d) は，負電荷と正電荷の相対的な位置関係が (a) と逆になり，電場と磁場の向きが (a) のときと反対になる．ここまでで半波長分の電磁波を生成する．磁場の強さは電流に比例すると考えられるので，負電荷の動きの速さが極大になる (c) 付近で磁場の強さが極大になり，同時に電場の強さも極大になる．(e) には電場の強弱に対応した波動の様子が示されている．

第 2 章

2.1 A 点および B 点では光線に垂直な平面が等位相面．C～F の点ではレンズの集光点（焦点）を中心にした球面が等位相面になる．

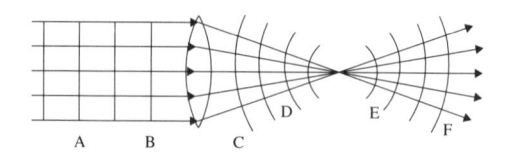

2.2 物点 A からの光線は，ピンホールの直径方向に最大のボケを生じる．直径方向のボケを $A'A''$ とすると

$$\frac{A'A''}{d} = \frac{a+b}{a}, \quad A'A'' = \left(\frac{a+b}{a}\right)d$$

物体面上のボケに換算するには倍率で割ればよい．

$$A'A'' / \left(\frac{a+b}{a}\right) = d$$

すなわち，ピンホールの直径に相当するボケになる．

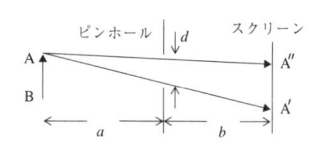

2.3 光線 A および光線 B の入射角をそれぞれ α および β とすると，三角形 OPQ の角度関係から

$$\theta + \left(\frac{\pi}{2} - \alpha\right) + \left(\frac{\pi}{2} - \beta\right) = \pi$$

すなわち，$\alpha + \beta = \theta$ となる．
光線 A と光線 B が平行となるためには

$$2\alpha + 2\beta = \pi$$

すなわち $\theta = \pi/2$ となればよい．

2.4 真空中の振動数 $= c/\lambda$，媒質中の振動数 $= v/\lambda_n$ とし，両者の振動数が等しいとおくと

$$\lambda_n = \lambda \cdot \frac{v}{c} = \lambda/n$$

2.5 海面付近の屈折率分布は模式的に図のように表される．

$$n_1 < n_2 < \ldots < n_k$$

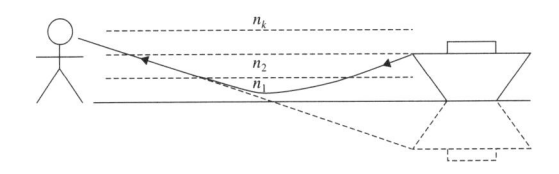

船から出た光は屈折率勾配に応じて，屈折率の大きい方へ曲がって進む．観察者は点像で示すような逆になった船を見ることになる．海面付近が上空に比べて温度が低い場合は，逆に船が浮かんで見えることになる．

2.6 最も短い伝達時間 $t_{\min}$

$$t_{\min} = \frac{L}{v_f} = L/(c/n_f) = \frac{Ln_f}{c}$$

最も長い伝達時間 $t_{\max}$

$$t_{\max} = \left(\frac{L}{\sin\theta_c}\right)/v_f = \left(\frac{Ln_f}{n_c}\right) \times \frac{n_f}{c} = \frac{L}{c}\frac{n_f^2}{n_c}$$

時間差 $\Delta t = \frac{Ln_f}{c}\left(\frac{n_f}{n_c} - 1\right)$

1km 当たりの時間差 $= \Delta t/L = 37\text{ns/km}$

2.7 α が小さいときは，θ_1' および θ_1 も小さくなるので，式 (2.39) は

$$n = (\delta_{\min} + \alpha)/\alpha$$

158　問の解答

と近似できる．この式から
$$\delta_{\min} = (n-1)\alpha$$
が求まる．

2.8　電子の運動が
$$x(t) = x_0 \cos\omega t$$
と表されるとする．ここで振幅 x_0 を求める．式 (2.42) に代入すると
$$-m\omega^2 x_0 \cos\omega t = -m\omega_0^2 x_0 \cos\omega t + eE_0 \cos\omega t$$
となるので
$$x_0 = \frac{eE_0}{m(\omega_0^2 - \omega^2)}$$
が求まり
$$x(t) = \frac{(e/m)E(t)}{\omega_0^2 - \omega^2}$$
がいえる．

2.9.1　スネルの法則の式
$$\frac{n_2}{n_1} = \frac{\sin\theta_1}{\sin\theta_2}$$
を r_s の右辺に代入する．
$$r_\mathrm{s} = \frac{\cos\theta_1 - \dfrac{n_2}{n_1}\cos\theta_2}{\cos\theta_1 + \dfrac{n_2}{n_1}\cos\theta_2}$$
$$= \frac{\sin\theta_2 \cos\theta_1 - \sin\theta_1 \cos\theta_2}{\sin\theta_2 \cos\theta_1 + \sin\theta_1 \cos\theta_2}$$
$$= \frac{-\sin(\theta_1 - \theta_2)}{\sin(\theta_1 + \theta_2)}$$
同様に t_s の式に代入して
$$t_\mathrm{s} = \frac{2\cos\theta_1}{\cos\theta_1 + \dfrac{n_2}{n_1}\cos\theta_2}$$
$$= \frac{2\cos\theta_1 \sin\theta_2}{\sin\theta_2 \cos\theta_1 + \sin\theta_1 \cos\theta_2}$$
$$= \frac{2\cos\theta_1 \sin\theta_2}{\sin(\theta_1 + \theta_2)}$$

2.9.2　スネルの法則の式
$$\frac{n_2}{n_1} = \frac{\sin\theta_1}{\sin\theta_2}$$

を r_p の右辺に代入する.

$$r_\mathrm{p} = \frac{\cos\theta_2 - \dfrac{n_2}{n_1}\cos\theta_1}{\dfrac{n_2}{n_1}\cos\theta_1 + \cos\theta_2}$$

$$= \frac{\sin\theta_2\cos\theta_2 - \sin\theta_1\cos\theta_1}{\sin\theta_1\cos\theta_1 + \sin\theta_2\cos\theta_2}$$

$$= \frac{\sin 2\theta_2 - \sin 2\theta_1}{\sin 2\theta_1 + \sin 2\theta_2}$$

$$= \frac{\sin(\theta_2 - \theta_1)\cos(\theta_2 + \theta_1)}{\sin(\theta_1 + \theta_2)\cos(\theta_1 - \theta_2)}$$

$$= \frac{-\tan(\theta_1 - \theta_2)}{\tan(\theta_1 + \theta_2)}$$

同様に t_p の式に代入して

$$t_\mathrm{p} = \frac{2\cos\theta_1}{\dfrac{n_2}{n_1}\cos\theta_1 + \cos\theta_2}$$

$$= \frac{2\cos\theta_1\sin\theta_2}{\sin\theta_1\cos\theta_1 + \sin\theta_2\cos\theta_2}$$

$$= \frac{4\cos\theta_1\sin\theta_2}{\sin 2\theta_1 + \sin 2\theta_2}$$

$$= \frac{2\cos\theta_1\sin\theta_2}{\sin(\theta_1 + \theta_2)\cos(\theta_1 - \theta_2)}$$

2.9.3 $R_\mathrm{p} + T_\mathrm{p} = r_\mathrm{p}^2 + \dfrac{n_2\cos\theta_2}{n_1\cos\theta_1}t_\mathrm{p}^2$

$$= \left(\frac{n_1\cos\theta_2 - n_2\cos\theta_1}{n_1\cos\theta_2 + n_2\cos\theta_1}\right)^2 + \frac{n_2\cos\theta_2}{n_1\cos\theta_1}\left(\frac{2n_1\cos\theta_1}{n_1\cos\theta_2 + n_2\cos\theta_1}\right)^2$$

$$= 1$$

$R_\mathrm{s} + T_\mathrm{s} = r_\mathrm{s}^2 + \dfrac{n_2\cos\theta_2}{n_1\cos\theta_1}t_\mathrm{s}^2$

$$= \left(\frac{n_1\cos\theta_1 - n_2\cos\theta_2}{n_1\cos\theta_1 + n_2\cos\theta_2}\right)^2 + \frac{n_2\cos\theta_2}{n_1\cos\theta_1}\left(\frac{2n_1\cos\theta_1}{n_1\cos\theta_1 + n_2\cos\theta_2}\right)^2$$

$$= 1$$

第 3 章

3.1.1 物点の位置によって像の性質が大きく変化する特異な場所を決めて議論する．与えられた条件から，式 (3.10) は
$$\frac{1}{a} + \frac{n}{b} = \frac{n-1}{r}$$
となる．以下のようないくつかの場合に分かれる．

(1) a が無限大の場合 $b = \dfrac{nr}{n-1}(>0)$ （像焦点：実像）

(2) a が無限遠から端面に向かうと像は焦点から右側に移動し（実像）
$$a = \frac{r}{n-1}$$
の位置で b は無限大になる．すなわち，このとき光は媒質中を光軸に平行に進む．

(3) $0 < a < \dfrac{r}{n-1}$ では $\quad \dfrac{n}{b} = \dfrac{n-1}{r} - \dfrac{1}{a} < 0$

となり，像点は左側無限遠の方から次第に端面側に近づく虚像になる．物点と像点の位置関係を確かめるために
$$\frac{1}{a} + \frac{1}{b} = \frac{a+b}{ab} = (n-1)\left(\frac{1}{r} - \frac{1}{b}\right)$$
を調べると最右辺は正になるので，$a+b<0$，すなわち像点は常に物点の左側にあることがわかる．

3.1.2 式 (3.18) を用いて，3.1.1 と同様に考える．
$$\frac{1}{a} + \frac{n}{b} = \frac{n-1}{r}$$

(1) a が無限大の場合 $\quad b = \dfrac{nr}{n-1}(<0)$ （像焦点：虚像）．

(2) a が無限遠から端面に向かうと像点は像焦点から端面側に移動し，物点の位置が凹面の曲率中心の位置，すなわち $a = -r(>0)$ まで像点は物点の右側にできる（虚像）．

(3) $a = -r$ では $b = r$ となり，物点と像点は同じ位置になる．

(4) 3.1.1 の (3) と同様な説明から，$0 < a < -r$ では像点は常に物点の左側にできる（虚像）．

(5) 像点が無限遠にできる条件は，$b \to +\infty$ から
$$a = \frac{r}{n-1}(<0)$$
が成り立てばよい．a が負となる虚物点という考え方が必要になる．このような状況は右図のように端面から右側に $|a|$ の距離の位置 (O) に向かって進む光線を考えればよい．

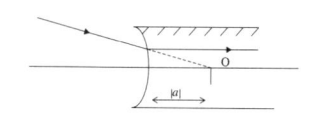

3.2.1 (1) 焦点距離の式 (3.24) に $n=1.5$, $r_1=20$cm, $r_2=-20$cm を代入すると
$$f=20\text{cm}$$

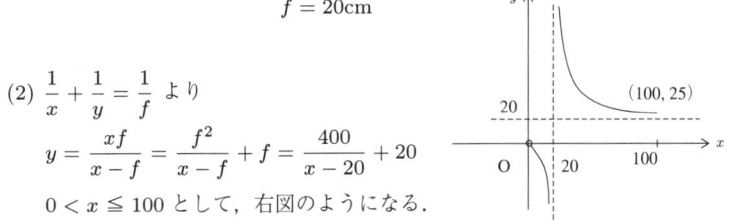

(2) $\dfrac{1}{x}+\dfrac{1}{y}=\dfrac{1}{f}$ より
$$y=\dfrac{xf}{x-f}=\dfrac{f^2}{x-f}+f=\dfrac{400}{x-20}+20$$
$0<x\leqq 100$ として，右図のようになる．

3.2.2 (1) 焦点距離の式 (3.27) に $n=1.5$, $r_1=\infty$, $r_2=20$cm, を代入すると
$f=-40$cm．
(2) 結像公式 (3.28) より $a=100$cm, $f=-40$cm を代入すると $b=-28.57$cm が求まる．焦点の右側に虚像ができる．

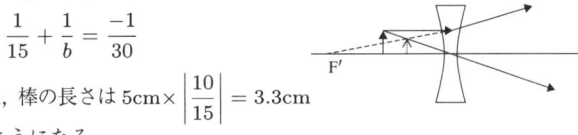

3.2.3 ① 与えられた条件から像の位置 b は
$$\dfrac{1}{15}+\dfrac{1}{b}=\dfrac{-1}{30}$$
より，$b=-10$cm, 棒の長さは $5\text{cm}\times\left|\dfrac{10}{15}\right|=3.3$cm
作図は右の図のようになる．

② まず，板の前面の屈折による像の位置を b とすると境界面の曲率半径を無限大として
$$\dfrac{1}{a}+\dfrac{n}{b}=0$$
より，$b=-na(<0)$ となる．続いて板の後面による像の位置を b' とすると，後面の屈折に対して物体の位置は後面から左側 $na+d$ とみなせるので
$$\dfrac{n}{na+d}+\dfrac{1}{b'}=0$$
より
$$b'=-a-\dfrac{d}{n}$$
となる．板の厚さが見掛け上，n 分の 1 になることに注意．

3.3 ① 式 (3.36) を導く
$$\dfrac{b_1}{a_1}=\dfrac{f_1}{a_1-f_1}$$
$$\dfrac{b_2}{a_2}=\dfrac{f_2}{a_2-f_2}=\dfrac{f_2}{d-b_1-f_2}=\dfrac{f_2}{d-\dfrac{a_1f_1}{a_1-f_1}-f_2}$$

$$\frac{b_1}{a_1} \times \frac{b_2}{a_2} = 1 = \frac{f_1 f_2}{(d - f_2)(a_1 - f_1) - a_1 f_1}$$

より

$$a_1 = \frac{-f_1 d}{f_1 + f_2 - d} = a_H$$

が得られる．次に，式 (3.42) を求める．式 (3.41) の分数式を整理すると

$$(f_1 + f_2 - d)a_1 b_2 = (a_1 + b_2 + d)f_1 f_2 - (a_1 f_2 + b_2 f_1)d$$

となる．この式に

$$a_1 = a + a_H = a - \frac{f_1 d}{f_1 + f_2 - d}, \quad b_2 = b + b_H = b - \frac{f_2 d}{f_1 + f_2 - d}$$

を代入すると

$$左辺 = ab(f_1 + f_2 - d) - (af_2 + bf_1)d + \frac{f_1 f_2 d^2}{f_1 + f_2 - d}$$

$$右辺第 1 項 = \left(a + b - \frac{d^2}{f_1 + f_2 - d}\right) f_1 f_2$$

$$右辺第 2 項 = -(af_2 + bf_1)d + \frac{2 f_1 f_2 d^2}{f_1 + f_2 - d}$$

となる．両辺を見比べてみると

$$ab(f_1 + f_2 - d) = (a + b)f_1 f_2$$

が得られる．

② 式 (3.36), (3.37) より

$a_H = 70$mm

$b_H = -50$mm

が求まる．すなわち，物空間主点は凸レンズの左側 70mm の位置，像空間主点は凹レンズの左側 50mm（凸レンズの左側 30mm）の位置になる．

3.4.1 結像の公式 (3.47) と焦点の式 (3.48) からいくつかの場合に分けられる．

(1) $r/2 < a < \infty$ のとき $b = ar/(2a - r)$ の位置に倒立の実像ができる．倍率 M の式

$$M = \frac{b}{a} = \frac{r}{2a - r}$$

から，$a = r$ までは縮小像，$r/2 < a < r$ までは拡大像が得られる．

(2) $a = r/2$ のとき像はできず，物体からの光は反射後光軸に平行に進む．

(3) $0 < a < r/2$ のとき $b < 0$ となり，虚像を形成する．次頁の図より正立であることがわかる．

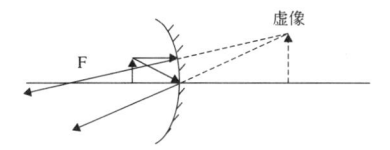

3.4.2 凸面鏡の結像公式も式 (3.47) と同様に表される．
$$\frac{1}{a} + \frac{1}{b} = \frac{2}{r}$$
像の位置が正になれば実像が得られる．よって 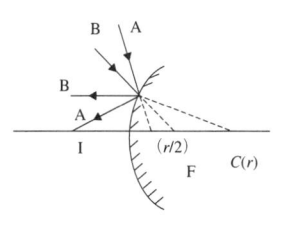
$$b = \frac{ar}{2a - r} > 0$$
が成り立てばよい．$r < 0$ なので
$$\frac{a}{2a-r} < 0$$
となればよい．$a < 0$ から $2a - r > 0$ でなければならない．よって $(r/2) < a < 0$. 作図によれば，より明らかになる．

焦点 F に入射する光線 B は反射後，光軸に平行に進む．一方，焦点 F より左側に入射する光線 A は反射後，光軸 I 点に実像を結ぶ．光線 A の状態で実像が得られる．

3.5 $\mathrm{FH} = x$ として，幾何学的条件より
$$\frac{h'}{h} = \frac{a}{a+d} = \frac{b}{x}$$
が常に成り立てばよい．$a + d = f_1$ より
$$x = \frac{b}{a}f_1 = \frac{bf_1}{f_1 - d}$$
となり，M_2 ミラーの結像式より
$$b = \frac{f_2(f_1 - d)}{f_1 + f_2 - d}$$
なので，結局
$$x = \frac{f_1 f_2}{f_1 + f_2 - d} = f$$
が求まる．

3.6.1 (1) 眼の焦点距離を f_e とすると，条件より
$$\frac{1}{100} + \frac{1}{2} = \frac{1}{f_e}$$
から $f_e = 1.961 \mathrm{cm}$

(2) 裸眼では 25cm の距離にある物体は網膜の後方に像が移動してしまうので，凸レンズのメガネで像を前方に移動させる必要がある．メガネと眼の距離を近似的にゼロとすると合成焦点距離 F は，メガネレンズの焦点距離を f_g とすると

$$\frac{1}{F} = \frac{1}{f_e} + \frac{1}{f_g}$$

となる．条件より

$$\frac{1}{25} + \frac{1}{2} = \frac{1}{f_e} + \frac{1}{f_g}$$

が成り立てばよい．焦点距離 $f_g = 33.3\text{cm}$ の凸レンズ．

3.6.2 条件より $|b| = D$ となるので，式 (3.53) の拡大率は，b が負の値になるので

$$M = \frac{b-f}{f} = \frac{-D-f}{f} = -\left(1 + \frac{D}{f}\right)$$

となる．

3.6.3 対物レンズのみでは像 (後) 焦平面付近（F_1' の右側）に倒立実像を結ぶ．凹レンズの左側の物体はどの位置でもすべて縮小された正立虚像を結ぶので倒立のままになってしまう．少なくとも凹レンズは対物レンズの後焦点位置（F_1'）より左側におく必要がある．凹レンズによって正立虚像 $A''B''$（図参照）が明視の距離 D にできる条件を求めてみよう．凸レンズと凹レンズによるそれぞれの結像式は

$$\frac{1}{a_1} + \frac{1}{b_1} = \frac{1}{f_1}, \quad \frac{1}{a_2} + \frac{1}{b_2} = \frac{1}{f_2}, \quad d - b_1 = a_2 (< 0：虚物体)$$

ここで，条件から，$a_1 \to \infty$ より $b_1 = f_1$, $b_2 = -D$ より

$$a_2 = \frac{f_2 D}{f_2 + D} \quad \text{となる．凹レンズの位置 } d \text{ は}$$

$$d = f_1 + \frac{f_2 D}{f_2 + D} \quad \text{とすればよい．}$$

特に，凹レンズの焦点位置と凸レンズの焦点位置を一致させた場合（$D \to \infty$），すなわち，$f_1 + f_2 = d$ の条件を満足させたとき，出射光が光軸に平行で正立

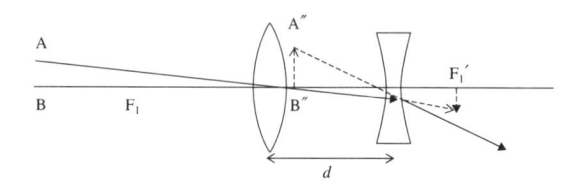

像が得られる．このようなレンズの組み合わせは，逆向きに使って，レーザーを平行光として広げるビームエキスパンダーとしても用いられる．

3.6.4 第一の像の位置は凸レンズの公式より
$$\frac{1}{22} + \frac{1}{b} = \frac{1}{20}$$
から $b = 220$mm となる．接眼レンズによる像の位置は接眼レンズから明視の距離にできるとする．全体の倍率 M は
$$M = \frac{220}{22} \times \frac{250}{20} = 125 (倍)$$

3.6.5 (1) $d = 20$mm の場合，合成焦点距離 f は
$$f = \frac{f_1 f_2}{f_1 + f_2 - d}$$
より，$f = 87.5$mm．次に，遠方の物体が凸レンズの後焦平面に像を結ぶとすると，凹レンズに対する物体の位置は $a_2 = -15$mm，レンズの公式から $x = b_2 = 37.5$mm となる．

(2) $d = 28$mm の場合，同様に
$$f = 48.6\text{mm}, \; a_2 = -7\text{mm}, \; x = 9.7\text{mm}$$
全体として 4 倍程度のズームが実施できる．

3.7.1 光軸から k 番目のプリズムに光が光軸に平行に入射したとする．そのプリズムの頂角を $2\phi_k$ とする．第 1 面の屈折角を ϕ'_k，第 2 面における入射角と屈折角をそれぞれ ϕ''_k, ϕ_x とし，ϕ_k が十分小さいとすると
$$\phi_k \cong n\phi'_k, \; n\phi''_k \cong \phi_x, \; \phi'_k + \phi''_k = 2\phi_k$$
が成り立つ．これらの式から
$$\phi_x = (2n - 1)\phi_k$$
となる．第 2 面における法線と光軸のなす角は ϕ_k なので結局，出射光線が光軸となす角
$$\phi_\theta = 2\,(n - 1)\phi_k$$
となる．プリズムの頂角 ϕ_k は光軸から離れるに従って大きくなるので，光線の集光点はレンズに近づくことがわかる．

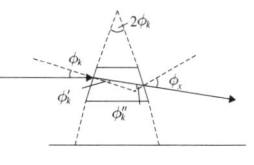

3.7.2 概形は右図のようになる．包絡線は点 $O(0, y')$ を通る．この点 O から任意の円に接線を引くと，図より直角三角形 OPQ において 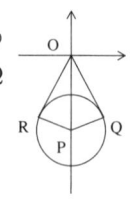
$$OP = |2a|, \quad PQ = |a|$$
なので $\angle POQ$ は 30°となり，包絡線は 60°の角をなす．

3.7.3 (1) 物点 $(0, y)$ の子午面結像面における収差は $\Delta y = 0, \Delta x = D\rho y^2 \sin\varphi$ と書ける．すなわち像は，物体面上で物点と原点を結んだときの線に対して垂直な線分になる．この特性から子午面結像面では図 (a) のように，注目する点と原点を結ぶ線に垂直な成分が正確な像を結ぶ．

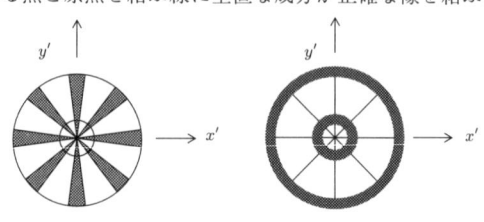

(2) 同様にして，球欠面結像面は，物点と原点を結んだ線に対して平行な線分になる．よって，図 (b) のように注目する点と原点を結ぶ線に平行な成分が正確な像を結ぶ．

3.7.4 単一凸球面の曲率半径を r とし，像の位置を b とすると，式 (3.10) から
$$\frac{n}{b} = \frac{n-1}{r} - \frac{1}{a}$$
より，物点 O,A,B からの光がそれぞれ曲率中心付近を通って像を結ぶとすると，明らかに $CO' > CA' > CB'$ となり，像面のわん曲を生じることがわかる．

3.7.5 (1) $E > 0$ の場合，物点が原点から離れるにしたがって理想的な像の倍率に対して小さくなるので図 (a) のようになる．破線は理想的な像．

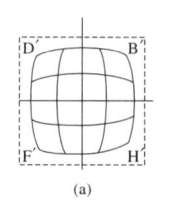

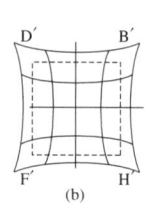

(2) $E < 0$ の場合，物点が原点から離れるにしたがって理想的な像の倍率に対して大きくなるので，図 (b) のようになる．破線は理想的な像．

3.8 (1) クラウンガラスの場合

$$\Delta f_\mathrm{C} = \frac{-(n_\mathrm{F} - n_\mathrm{C})}{n_\mathrm{D} - 1} f = \frac{-(1.5243 - 1.5155)}{(1.5182 - 1)} \times 10 = -0.17\mathrm{cm}$$

$$\nu_\mathrm{C} = \frac{n_\mathrm{D} - 1}{\Delta n} = 58.8$$

(2) フリントガラスの場合

$$\Delta f_\mathrm{F} = \frac{-(1.6321 - 1.6150)}{1.6200 - 1} \times 10 = -0.28\mathrm{cm}$$

$$\nu_\mathrm{F} = 36.3$$

(3) 組み合わせレンズの合成焦点距離を f とすると, 式 (3.82) および (3.85) より

$$f_\mathrm{C} = f\left(1 - \frac{\nu_\mathrm{F}}{\nu_\mathrm{C}}\right) = 0.38f$$

$$f_\mathrm{F} = -f\left(\frac{\nu_\mathrm{C}}{\nu_\mathrm{F}} - 1\right) = -0.62f$$

とすればよい. すなわち, クラウンガラスで凸レンズ, フリントガラスで凹レンズを作ればよい.

第 4 章

4.1 P 点における 2 光束の光路差 δ は

$$\delta = \sqrt{R^2 + (\xi + d)^2} + \sqrt{Z^2 + (x + d)^2} - \sqrt{R^2 + (\xi - d)^2} - \sqrt{Z^2 + (x - d)^2}$$

$$\cong R + \frac{(\xi + d)^2}{2R} + Z + \frac{(x + d)^2}{2Z} - R - \frac{(\xi - d)^2}{2R} - Z - \frac{(x - d)^2}{2Z}$$

$$= \frac{2\xi d}{R} + \frac{2xd}{Z}$$

4.2 ミラーが $\lambda/2$ 移動すると干渉縞の明るさが一周期分変化するので, 求める波長は

$$92 \times (\lambda/2) = 25.3\mu\mathrm{m}$$

より, $\lambda = 550$nm.

4.3 光軸に対して異なる角度の 2 つの平面波は図(次頁)のように書ける.
点 B は点 P に対して位相は遅れており, 点 C は点 P に対して進んでいる.
OP $= \Delta y$ とすると

$$\text{光路差} = \mathrm{PB} + \mathrm{CP}$$

$$= \Delta y \sin\theta_\mathrm{B} + \Delta y \sin\theta_\mathrm{C}$$

$$= \lambda$$

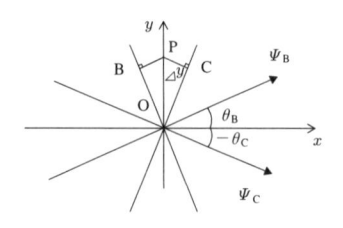

よって
$$\Delta y = \lambda/(\sin\theta_B + \sin\theta_C)$$

4.4 $I(x) = 1 + \cos\left(\dfrac{\pi x^2}{\lambda f}\right)$ より $(\pi x^2/\lambda f) = \alpha\pi$ とおくと
$$x = \sqrt{\alpha}\sqrt{\lambda f}$$

横軸を $x/\sqrt{\lambda f}$ で表すと図のようになる.

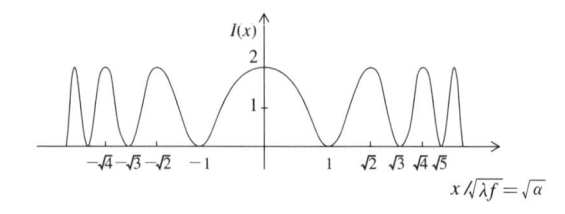

α が偶数で極大値,奇数で極小値を与えることがわかる.

4.5 下図のように点 A_1, A_2 からの光は互いに平行なので,レンズの焦平面上の A' 点に,点 B_1, B_2 からの光は B' 点に集光する.同様に光源の他の点から出た光もそれぞれ入射角 θ_A の光は A' 点に,θ_B の光は B' 点に集光する.それぞれが式 (4.34) の条件を満足すれば明るくなる.

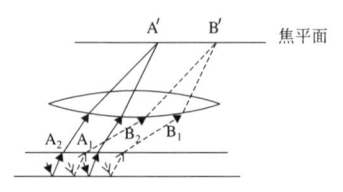

4.6 注目する点 B と球面上の点 A とのすき間の距離を d とする.点 A での反射光は反射の際の位相の変化はない.すき間を通って点 B で反射する光の位相は π だけずれる.d と x と R の関係は
$$R^2 = (R-d)^2 + x^2$$

から，$R \gg d$ を考慮すると
$$d \cong \frac{x^2}{2R}$$
となる．点 A と点 B の位相差 δ は式 (4.41) で表されるので
$$\delta = \frac{2\pi}{\lambda} \cdot \frac{x^2}{R} + \pi$$
となる．m 番目の明るい干渉縞は
$$\delta = 2m\pi$$
となるので，R は
$$R = \frac{x^2}{(m - \frac{1}{2})\lambda} \quad (m = 1, 2, 3, \ldots)$$
となる．次に $m = 1$，$\lambda = 500\text{nm}$，$x = 1\text{mm}$ とすると
$$R = 4\text{m}$$

4.7 式 (4.52) の $I_t = 1/2$ のときの δ' を $\delta'_{1/2}$ とおくと
$$\frac{1}{1 + F \sin^2 \frac{\delta'_{1/2}}{2}} = \frac{1}{2}$$
より
$$\delta'_{1/2} = 2 \sin^{-1}(1/\sqrt{F})$$
が求まる．F が大きな値をとるとすると $\sin^{-1}(1/\sqrt{F}) = 1/\sqrt{F}$
$$\gamma = 2\delta'_{1/2} = 4/\sqrt{F}$$
F と反射率 R との関係から
$$\gamma = \frac{2(1 - R)}{\sqrt{R}}$$
となる．上式から，反射率 R が大きいほど，縞の幅は小さくなる．

第 5 章

5.1 r と r_0 の関係は三角形 PP_0Q に余弦定理を適用して
$$r^2 = r_0^2 + (r_0 + b)^2 - 2r_0(r_0 + b)\cos\theta$$
となる．両辺の微分から
$$r\,dr = r_0(r_0 + b)\sin\theta\,d\theta$$
が求まるので
$$d\sigma = \frac{r_0}{r_0 + b} r\,dr\,d\phi$$

となる．j 番目の輪帯からの寄与 $U_j(\mathrm{P})$ は，積分範囲が $b+(j-1)\lambda/2 \leqq r \leqq b+j\lambda/2$ なので

$$U_j(\mathrm{P}) = 2\pi \frac{Ae^{ikr_0}}{r_0+b} K_j \int_{b+(j-1)\frac{\lambda}{2}}^{b+j\frac{\lambda}{2}} e^{ikr} \mathrm{d}r$$

$$= -\frac{2\pi i}{k} K_j \frac{Ae^{ik(r_0+b)}}{r_0+b} e^{ikj\lambda/2}(1-e^{-ik\lambda/2})$$

となる．ここで $k\lambda = 2\pi$ を利用すると

$$e^{ikj\lambda/2}(1-e^{-ik\lambda/2}) = e^{i\pi j}(1-e^{-i\pi}) = (-1)^j 2$$

と表せるので

$$U_j(\mathrm{P}) = 2i\lambda(-1)^{j+1} K_j \frac{Ae^{ik(r_0+b)}}{r_0+b}$$

となる．注目するすべての輪帯からの寄与の総計 $U(\mathrm{P})$ は

$$U(\mathrm{P}) = \sum_{j=1}^{n} U_j(\mathrm{P}) = 2i\lambda \frac{Ae^{ik(r_0+b)}}{r_0+b} \sum_{j=1}^{n} (-1)^{j+1} K_j$$

と書ける．総和の式 Σ は

$$\sum = \sum_{j=1}^{n} (-1)^{j+1} K_j = K_1 - K_2 + K_3 - \cdots + (-1)^{n+1} K_n$$

$$= \frac{K_1}{2} + \left(\frac{K_1}{2} - K_2 + \frac{K_3}{2}\right) + \left(\frac{K_3}{2} - K_4 + \frac{K_5}{2}\right) + \cdots$$

と書き換えられる．式中のかっこ内の値はほぼゼロに等しいと考えてよい．さらに，n 番目からの寄与もほぼゼロとみなされるので，結局，$U(\mathrm{P})$ は

$$U(\mathrm{P}) = i\lambda K_1 \frac{Ae^{ik(r_0+b)}}{r_0+b} = \frac{1}{2} U_1(\mathrm{P})$$

と表すことができる．すなわち，輪帯から点 P への寄与は最初の帯 (Z_1) から出る 2 次波の 2 分の 1 に等しいことがわかる．

5.2 $\nabla^2 U_0 = \left(\dfrac{\partial^2}{\partial x^2} + \dfrac{\partial^2}{\partial y^2} + \dfrac{\partial^2}{\partial z^2}\right) U_0$ を求めるために，x に関する偏微分を行う．

$$\frac{\partial}{\partial x}\left(\frac{e^{ikr}}{r}\right) = e^{ikr}\frac{\partial}{\partial x}\left(\frac{1}{r}\right) + \frac{1}{r}\frac{\partial e^{ikr}}{\partial x}$$

$$= -\frac{x}{r^3}e^{ikr} + \frac{ikx}{r^2}e^{ikr}$$

$$\frac{\partial^2}{\partial x^2}\left(\frac{e^{ikr}}{r}\right) = \left(-\frac{1}{r^3} + \frac{3x^2}{r^5} + \frac{ik}{r^2} - \frac{2ikx^2}{r^4}\right)e^{ikr} + \left(-\frac{x}{r^3} + \frac{ikx}{r^2}\right)\frac{ikx}{r}e^{ikr}$$

y, z に関しても同様な式が導かれるのでそれらの和をとり
$$r = \sqrt{x^2 + y^2 + z^2}$$
を利用すると
$$\nabla^2 U_0 = -k^2 \frac{e^{ikr}}{r} = -k^2 U_0$$
が求まる.

［別解］U_0 は r のスカラー関数とみなせるので
$$\nabla U_0 = \frac{\boldsymbol{r}}{r} \frac{dU_0}{dr}$$
が成り立つ. 次に
$$\nabla^2 U_0 = \nabla \cdot (\nabla U_0) = \nabla \cdot \left(\frac{1}{r} \frac{dU_0}{dr} \boldsymbol{r} \right)$$
より, 右辺はベクトル演算公式より
$$\left[\nabla \left(\frac{1}{r} \frac{dU_0}{dr} \right) \right] \cdot \boldsymbol{r} + \left(\frac{1}{r} \frac{dU_0}{dr} \right) (\nabla \cdot \boldsymbol{r})$$
$$= \left(\frac{-1}{r^2} \frac{dU_0}{dr} + \frac{1}{r} \frac{d^2 U_0}{dr^2} \right) \frac{\boldsymbol{r}}{r} \cdot \boldsymbol{r} + \frac{3}{r} \frac{dU_0}{dr}$$
$$= \frac{d^2 U_0}{dr^2} + \frac{2}{r} \frac{dU_0}{dr}$$
$$= \frac{1}{r} \frac{d^2 r U_0}{dr^2}$$
となる. U_0 を代入すると, 右辺は直ちに $-k^2 U_0$ となることがわかる.

5.3 $\dfrac{\partial r_0}{\partial x_0} = \dfrac{x_0}{\sqrt{x_0^2 + y_0^2 + z_0^2}} = \dfrac{x_0}{r_0}$

y_0, z_0 に関しても同様に成り立つ. さらに $\partial x_0 / \partial n_0$ は法線の x_0 軸への射影, すなわち方向余弦 n_{x_0} に一致する. y_0, z_0 に関しても同様に成り立つ. よって
$$\text{問の式の左辺} = \frac{x_0}{r_0} n_{x_0} + \frac{y_0}{r_0} n_{y_0} + \frac{z_0}{r_0} n_{z_0}$$
内積 $x_0 n_{x_0} + y_0 n_{y_0} + z_0 n_{z_0} = (x_0^2 + y_0^2 + z_0^2)^{\frac{1}{2}} (n_{x_0}^2 + n_{y_0}^2 + n_{z_0}^2)^{\frac{1}{2}} \cos \Theta_0$
$$= r_0 \times 1 \times \cos \Theta_0$$
より, 右辺が導かれる.

5.4 $\alpha \approx 0$ のとき $\sqrt{1 + \alpha} \approx 1 + \alpha/2$ を利用する.
$$r = \sqrt{r'^2 - 2(x\xi + y\eta) + \xi^2 + \eta^2}$$
$$= r' \left\{ 1 - \frac{2(x\xi + y\eta)}{r'^2} + \frac{\xi^2 + \eta^2}{r'^2} \right\}^{\frac{1}{2}}$$

を 1 次の項まで展開すると
$$r = r' - \frac{x\xi + y\eta}{r'} + \frac{\xi^2 + \eta^2}{2r'}$$
となる．

5.5.1 式 (5.46) を微分する
$$\frac{dy}{d\alpha} = \frac{2\sin\alpha(\alpha\cos\alpha - \sin\alpha)}{\alpha^3}$$
$$\sin\alpha = 0 \text{ すなわち} \alpha = N\pi \quad (N = \pm 1, \pm 2, \ldots)$$
のとき極小値を与え
$$\alpha\cos\alpha - \sin\alpha = 0 \quad \text{すなわち} \quad \tan\alpha = \alpha$$
のとき極大値を与える．α が増大するにつれ，極大値を与える α は
$$\alpha = (2N+1)\pi/2$$
に近づくので，明暗の縞は等間隔になる．

5.5.2 $\int_0^{\rho_0} J_0(k\rho\omega)\rho d\rho$ に変数変換 $\rho = x'/k\omega$ を施す
$$\text{上式} = \int_0^{\rho_0 k\omega} \frac{x'}{k\omega} J_0(x') \frac{dx'}{k\omega}$$
$$= \frac{1}{(k\omega)^2} \int_0^{\rho_0 k\omega} x' J_0(x') dx'$$
$$= \frac{\rho_0 k\omega}{(k\omega)^2} J_1(\rho_0 k\omega)$$
$$= \rho_0^2 \frac{J_1(\rho_0 k\omega)}{\rho_0 k\omega}$$
よって
$$U(\text{P}) = \pi \rho_0^2 C \frac{2 J_1(\rho_0 k\omega)}{\rho_0 k\omega}$$
と表せる．

5.5.3 $I(\text{P}) = |U(\text{P})|^2$ の関係から，式 (5.68) の積の 2 項目の計算を行う．
$$\left| \frac{1 - e^{-iNkp2d}}{1 - e^{-ikp2d}} \right|^2 = \frac{(1 - e^{-iNkp2d})(1 - e^{iNkp2d})}{(1 - e^{-ikp2d})(1 - e^{ikp2d})}$$
$$= \frac{2(1 - \cos Nkp2d)}{2(1 - \cos kp2d)}$$
$$= \frac{\sin^2 Nkpd}{\sin^2 kpd}$$

5.6 $t = \alpha\sqrt{-(i\pi/2)}$ の虚数の平方根を開くために

$$\sqrt{-\frac{i}{2}} = a + bi$$

とおいて，実数 a, b を求める．両辺を 2 乗すると

$$a^2 = b^2, \quad 2ab = -\frac{1}{2}$$

の関係が求まる．① $a = \frac{1}{2}$, $b = \frac{-1}{2}$ と，② $a = \frac{-1}{2}$, $b = \frac{1}{2}$ が解となる．
① の場合

$$\sqrt{-\frac{i}{2}} = \frac{1-i}{2} \text{ より } \alpha = \frac{1+i}{\sqrt{\pi}}t, \quad d\alpha = \frac{1+i}{\sqrt{\pi}}dt \text{ となり，問の定義式から}$$

$$C(\infty) + iS(\infty) = \frac{(1+i)}{\sqrt{\pi}}\int_0^\infty e^{-t^2}dt = \frac{1+i}{2}$$

が求まる．
② の場合

$$\sqrt{-\frac{i}{2}} = \frac{-1+i}{2} \text{ より } \alpha = \frac{-(1+i)}{\sqrt{\pi}}t, \quad d\alpha = \frac{-(1+i)}{\sqrt{\pi}}dt \text{ となり}$$

$$C(-\infty) + iS(-\infty) = \frac{-(1+i)}{\sqrt{\pi}}\int_0^\infty e^{-t^2}dt = \frac{-(1+i)}{2}$$

に対応した値を与える．複素関数に関する積分範囲の議論は省略した．

5.7 式 (5.103) の指数部 P_1 は

$$P_1 = \frac{ik}{2f}\left[\{l - (x+\xi)\}^2 + \{m - (y+\eta)\}^2 - (x+\xi)^2 - (y+\eta)^2\right]$$

と書ける．式 (5.104) および (5.105) から，上式は

$$P_1 = i\left[l'^2 + m'^2 - \frac{k}{2f}\{(x+\xi)^2 + (y+\eta)^2\}\right]$$

となる．P_1 を式 (5.103) に代入すれば，式 (5.106) が求まる．

5.8.1 焦平面での像のボケを計算する．第 1 極小値を与える θ' は，式 (5.112) より

$$\theta' = \frac{0.61 \times 0.5(\mu m)}{5 \times 10^4(\mu m)} = 6.1 \times 10^{-6}(\text{ラジアン})$$

焦平面上でのボケ d は

$$d = 2f_1\theta' = 2 \times 10^6 \times 6.1 \times 10^{-6} = 12.2\mu m$$

5.8.2 対物レンズによる倍率 $m_1 = \dfrac{r'}{r} = \dfrac{\sin\phi}{\sin\phi'}$

接眼レンズによる倍率 $m_2 = \dfrac{D}{f_2}$

眼の角分解能 $= 3 \times 10^{-4} = \dfrac{r'}{f_2}$

全体の倍率 $M = m_1 m_2 = \dfrac{r'}{r} \cdot \dfrac{D}{f_2} = \dfrac{r'}{f_2} / \dfrac{r}{D}$

ここで，顕微鏡の分解能から

$$\dfrac{r}{D} = \dfrac{0.61\lambda}{D\sin\phi} = \dfrac{0.61 \times 0.5(\mu m)}{250(\text{mm}) \times 0.61} = \dfrac{0.5}{250 \times 10^3} = 2 \times 10^{-6}$$

よって $M = 3 \times 10^{-4} / 2 \times 10^{-6} = 150(倍)$

5.9 再生波の振幅を $C_0 \exp(ikx\sin\theta)$ とすると，ホログラムを透過した光の振幅分布 $R'(x)$ は $R'(x) = T_A(x) C_0 \exp(ikx\sin\theta)$ と表せる．よって

$$R'(x) = \gamma \left\{ A(x,y)^2 + B^2 \right\} C_0 \exp(ikx\sin\theta) \cdots\cdots R'_0$$
$$+ \gamma B C_0 A(x,y) \exp\{ i\phi(x,y) \} \exp(2ikx\sin\theta) \cdots\cdots R'_d$$
$$+ \gamma B C_0 A(x,y) \exp\{-i\phi(x,y)\} \cdots\cdots\cdots\cdots\cdots\cdots\cdots R'_c$$

それぞれの波面を下図に示す

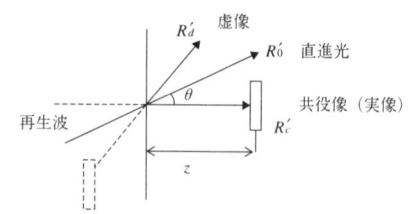

第 6 章

6.1 $\boldsymbol{E}(r,t) = (E_x, E_y, E_z) = (E, E, 0)\cos\{k(z-ct) + \Delta\}$
$$E_x = E\cos\{k(z-ct) + \Delta\}$$
$$E_y = E\cos\{k(z-ct) + \Delta\}$$
$$E_x = E_y$$

すなわち，xz 面から 45°傾いた偏光面を表してる．

6.2 変換の式を，式 (6.9) に代入して項をまとめると

$$\left(\dfrac{\cos^2\theta}{A_x^2} + \dfrac{\sin^2\theta}{A_y^2} - \dfrac{2\cos\delta\sin\theta\cos\theta}{A_x A_y} \right) E'^2_x$$

$$+ \left(\frac{\sin^2 \theta}{A_x^2} + \frac{\cos^2 \theta}{A_y^2} + \frac{2\cos\delta \sin\theta \cos\theta}{A_x A_y} \right) E_y'^2$$

$$+ \left(\frac{-\sin 2\theta}{A_x^2} + \frac{\sin 2\theta}{A_y^2} - \frac{2\cos\delta \cos 2\theta}{A_x A_y} \right) E_x' E_y' - \sin^2 \delta = 0$$

となる．ここで $E_x'^2$ の係数を変形して

$$\left(\frac{\cos\theta}{A_x} - \frac{\cos\delta \sin\theta}{A_y} \right)^2 + \frac{\sin^2 \delta \sin^2 \theta}{A_y^2} > 0$$

同様に，$E_y'^2$ の係数も > 0 がいえる．$E_x' E_y'$ の係数は

$$\tan 2\theta = \frac{2\cos\delta A_x A_y}{A_x^2 - A_y^2}$$

のときゼロになる．この式を満足する回転角 θ によって，式 (6.9) は楕円の標準形に変形できる．

6.3 ① 式 (6.16) について

$$\nabla \times \boldsymbol{E} = \left(\frac{\partial E_z}{\partial y} - \frac{\partial E_y}{\partial z}, \frac{\partial E_x}{\partial z} - \frac{\partial E_z}{\partial x}, \frac{\partial E_y}{\partial x} - \frac{\partial E_x}{\partial y} \right)$$

$$= (E_{0z} i k_y - E_{0y} i k_z, E_{0x} i k_z - E_{0z} i k_x, E_{0y} i k_x - E_{0x} i k_y) e^{i(\boldsymbol{k}\cdot\boldsymbol{r} - \omega t + \phi)}$$

$$= i(\boldsymbol{k} \times \boldsymbol{E}_0) e^{i(\boldsymbol{k}\cdot\boldsymbol{r} - \omega t + \phi)} = i(\boldsymbol{k} \times \boldsymbol{E})$$

② 式 (6.17) について，x 成分を計算すると

$$[\nabla \times (\nabla \times \boldsymbol{E})]_x = i\,[\nabla \times (\boldsymbol{k} \times \boldsymbol{E})]_x$$

$$= i\,[\nabla_y (\boldsymbol{k} \times \boldsymbol{E})_z - \nabla_z (\boldsymbol{k} \times \boldsymbol{E})_y]$$

$$= i[\,\nabla_y (k_x E_{0y} - k_y E_{0x}) e^{i(\boldsymbol{k}\cdot\boldsymbol{r} - \omega t + \phi)} - \nabla_z (k_z E_{0x} - k_x E_{0z}) e^{i(\boldsymbol{k}\cdot\boldsymbol{r} - \omega t + \phi)}]$$

$$= i[i k_y (k_x E_{0y} - k_y E_{0x}) e^{i(\boldsymbol{k}\cdot\boldsymbol{r} - \omega t + \phi)} - i k_z (k_z E_{0x} - k_x E_{0z}) e^{i(\boldsymbol{k}\cdot\boldsymbol{r} - \omega t + \phi)}]$$

$$= -[k_y (\boldsymbol{k} \times \boldsymbol{E})_z - k_z (\boldsymbol{k} \times \boldsymbol{E})_y]$$

$$= -[\boldsymbol{k} \times (\boldsymbol{k} \times \boldsymbol{E})]_x$$

であることが証明される．

6.4 方解石中における $D_\parallel$ 成分の速度を $v_\parallel$，$D_\perp$ 成分の速度を $v_\perp$ とおくと，本文から $1.4864 v_\parallel = c = 1.6584 v_\perp$ と表せる．ここで，c は光速．よって，$v_\parallel > v_\perp$ となり，光学軸方向に伝播する成分が最小，光学軸に垂直な方向に伝播する成分が最大の速度をもつ．それ以外の方向は $v_\parallel$ と $v_\perp$ の中間の速度で伝播する．すなわち，次頁の図のような伝播になる．

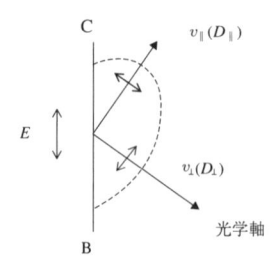

6.5.1 無偏光の光は，光学軸に平行な振動面をもつ異常光線と垂直な常光線に分解できる．方解石の異常光線に対する屈折率は $n_e = 1.4864$, 常光線の屈折率は $n_0 = 1.6584$ である．プリズムの接触面は空気の層とみなせる．$\beta = 50°15'$ なので，スネルの屈折率の法則から全反射を起こす屈折率 n_c は

$$n_c \sin(90° - 50°15') = 1$$

$$n_c = 1/\sin(39°45') = 1/0.6393 \cong 1.5642$$

となる．この臨界屈折率より大きい常光線は全反射を起こし，小さい異常光線は直進する．

6.5.2 2枚目に入射する光はすでに直線偏光しているので，透過率は無偏光の光の倍になり，64%になる．よって入射光強度を I_0 とすると，最終的な透過光強度 I は

$$I = I_0 \times 0.32 \times 0.64 = 0.21 I_0$$

となる．

6.5.3 ① 無偏光の光の x 成分(偏光子の偏光方位)強度は，マリュースの法則より

$$I_t = \frac{1}{2\pi}\int_0^{2\pi} I_0 \cos^2\theta \, d\theta = \frac{I_0}{2\pi}\int_0^{2\pi} \frac{1+\cos 2\theta}{2} d\theta = \frac{I_0}{2\pi}\cdot \pi = \frac{I_0}{2}$$

② 2枚目の偏光子を通った光の透過強度

$$I_t' = \frac{I_0}{2} \times \cos^2 30° = \frac{I_0}{2} \times \left(\frac{\sqrt{3}}{2}\right)^2 = \frac{3}{8}I_0$$

6.6 右回り円偏光の条件から $\delta = -\pi/2 = \frac{2\pi}{\lambda}(n_y - n_x)d < 0$ なので n_e を x 軸, n_0 を y 軸に対応させる．すなわち，光学軸は xy 面内で x 軸に平行にする．次に $A_x = A_y = A$ の条件から直線偏光の振動面は x 軸に対して 45° とする．板の厚さは

$$d = \frac{\lambda}{4}|n_e - n_0| = 16.4\mu\text{m}$$

6.7 入射側と反対側の偏光板の後方に平面鏡をおいて反射させるだけでよい．電圧オフの状態では反射した光は偏光板を透過後，偏光方向を 90°回転し液晶を透過して戻る．電圧オンでは反射鏡まで光は来ない．

索　引

ア　アクロマート (achromat)　74
　　アッベ数 (Abbe number)　73

イ　異常光線 (extraordinary ray)　137
　　異常分散 (anomalous dispersion)　31
　　位相 (phase)　4
　　移相子 (retarder)　144
　　位相速度 (phase velocity)　135
　　一軸結晶 (uniaxial crystal)　136
　　色収差 (chromatic aberration)　56, 72
　　インコヒーレント光源 (incoherent source)　76

ウ　薄レンズ (thin lens)　46
　　雲母板 (mica)　144

エ　液晶 (liquid crystal)　145
　　s 偏光 (perpendicularly polarized light to the plane of incidence)　32
　　エタロン分光器 (etalon)　93
　　F ナンバー (F-number)　63

　　円形開口 (circular aperture)　105
　　円筒波 (cylindrical wave)　12
　　円偏光 (circularly polarized light)　132

オ　凹面鏡 (concave mirror)　54
　　凹レンズ (negative lens)　48

カ　開口数 (numerical aperture)　123
　　回折 (diffraction)　94
　　回折格子 (diffraction grating)　109
　　可干渉距離（コヒーレンス長）(coherence length)　76
　　角振動数 (angular frequency)　4
　　角度分解能 (angular resolution)　121
　　重ね合わせの原理 (principle of superposition)　8
　　カセグレン式望遠鏡 (Cassegrain telescope)　56
　　カメラ (camera)　62
　　干渉 (interference)　75
　　干渉縞 (interference fringe)　75

キ 幾何光学 (geometrical optics) 15
球欠面 (sagittal plane) 70
球面収差 (spherical aberration) 68
球面波 (spherical wave) 11
強度透過率 (transmitance；transmissivity) 38
強度反射率 (reflectance；reflectivity) 38
共役像 (conjugate image) 127
虚像 (virtual image) 46
近軸光線 (paraxial ray) 43

ク 空間的コヒーレンス (spatial coherence) 78
矩形開口 (rectangular aperture) 104
屈折 (refraction) 20
屈折角 (angle of refraction) 21
屈折の法則 (law of refraction) 21
屈折率 (refractive index) 20, 30
屈折率楕円体 (refractive index ellipsoid) 136
繰り返し反射干渉 (multiple-beam interference) 91
グリーンの定理 (Green's theorem) 96

ケ 傾斜係数 (inclination factor) 95
検光子 (analyzer) 142
顕微鏡 (microscope) 61

コ 光学軸 (optic axis) 137
光学的距離（光路長）(optical path length) 23
光線 (ray of light) 15
光線収差 (ray aberration) 64
光線速度 (ray velocity) 135

コヒーレンス (coherence) 75
コマ収差 (comatic aberration) 69
コルヌのスパイラル (Cornu spiral) 113

サ 最小錯乱円 (least circle of confusion) 70
最小偏角 (minimum deviation) 28
ザイデルの5収差 (Seidel aberration) 68
参照波 (reference wave) 125

シ 時間的コヒーレンス (temporal coherence) 76
子午面 (meridional plane) 70
実像 (real image) 44
磁場 (magnetic field) 3
磁場ベクトル (magnetic vector) 128
絞り (stop, diaphragm) 64
射出瞳 (exit pupil) 64
斜入射角 (angle of grazing incidence) 19
周期 (period) 5
収差 (aberration) 64
周波数（振動数）(frequency) 4
主点 (principal point) 51
主面 (principal plane) 51
常光線 (ordinary ray) 137, 138
焦点 (focal point) 55
焦点距離 (focal length) 47
焦平面 (focal plane) 63
初期位相 (initial phase) 10
蜃気楼 (mirage) 25
振幅 (amplitude) 4
振幅透過率 (transmission coefficient) 32

振幅反射率 (reflection coefficient) 32
振幅分割 (division of amplitude) 78

ス 水晶体 (crystalline lens) 58
スネルの法則 (Snell's law) 22
ズームレンズ (zoom lens) 63

セ 正弦波 (sine wave) 4
正常分散 (normal dispersion) 31
正反射 (specular reflection) 17
接眼レンズ (ocular; eye piece) 60
絶対屈折率 (absolute index of refraction) 21
全反射 (total reflection) 25
鮮明度 (visibility) 77

ソ 像空間主点 (first principal point) 51
像焦点 (image focus) 47
像焦点距離 (image focal length) 47
相対屈折率 (relative index of refraction) 21
像点 (image point) 42

タ 対物レンズ (objective lens) 60
楕円偏光 (elliptically polarized light) 131
ダブルスリット (double slits) 107

チ 直線偏光 (linearly polarized light) 4, 129

テ デルタ関数 (delta function) 111
電気双極子放射 (electric dipole radiation) 12
点光源 (point source) 42
電磁波 (electromagnetic wave) 3
電場ベクトル (electric vector) 128

ト 等厚の干渉縞 (interference fringe of equal thickness) 90
等位相面 (constant phase plane) 1
等傾角の干渉縞 (interference fringe of equal inclination) 87
透磁率 (magnetic permeability) 30
凸面鏡 (convex mirror) 56
凸レンズ (positive lens) 46

ニ ニコルプリズム (Nicol prism) 139
二軸結晶 (biaxial crystal) 136
2次波 (secondary wave) 19
入射角 (angle of incidence) 21
入射瞳 (entrance pupil) 64
入射面 (plane of incidence) 18
ニュートンリング (Newton ring) 90

ハ ハイディンガーの干渉縞 (Haidinger fringes) 88
倍率 (magnification) 61
薄膜の干渉 (interference of thin film) 87
波数 (wave number) 4
波長 (wavelength) 4
波動ベクトル (wave vector) 10
波動方程式 (wave equation) 148
波面 (wavefront) 124
波面再生 (wavefront reconstruction) 126
波面収差 (wave aberration) 64
波面分割 (division of wavefront) 78
波連 (wave train) 4
反射(角) ((angle of)reflection) 18
反射望遠鏡 (reflective telescope) 56

ヒ 光の可逆性(相反性) (reciprocal law of light pass) 16
　光ファイバー (optical fiber) 26
　非点収差 (astigmatism) 70
　p 偏光 (parallel polarized light to the plane of incidence) 32
　ピンホールカメラ (pinhole camera) 16

フ ファブリー–ペロー干渉計 (Fabry-Perot interferometer) 93
　フィゾーの干渉縞 (Fizeau fringes) 90
　フェルマーの原理 (Ferma's principle) 24
　副鏡 (secondary mirror) 56
　複屈折 (double refraction) 137
　物空間主点 (second principal point) 51
　物体焦点 (object focus) 47
　物体焦点距離 (object focal length) 47
　物体波 (object wave) 125
　物点 (object point) 42
　部分的コヒーレント照明 (partially coherent illumination) 122
　フラウンホーファー回折 (Fraunhofer diffraction) 103
　フーリエ変換 (Fourier transform) 103
　プリズム (prism) 27
　ブリュースター角 (Brewster angle) 36
　フレネル回折 (Fresnel diffraction) 103, 111
　フレネル–キルヒホッフの回折積分 (Fresnel-Kirchhoff diffraction formula) 100
　フレネル積分 (Fresnel integration) 113
　フレネルの公式 (Fresnel formula) 36
　フレネルバイプリズム (Fresnel by-prism) 85
　フレネルミラー (Fresnel mirror) 84
　フレネル輪帯 (Fresnel zone) 87
　分解能 (resolving power;resolution) 119
　分極 (electric polarization) 30
　分散 (dispersion) 30
　分散式 (dispersion equation) 31

ヘ 平面波 (plane wave) 1
　ベッセル関数 (Bessel function) 106
　ヘルムホルツ–キルヒホッフの積分 (Helmholtz-Kirchhoff integral) 98
　変位 (disturbance) 1
　偏光 (polarization) 128
　偏光子 (polarizer) 139
　偏光面 (plane of polarization) 4, 129

ホ ホイヘンスの原理 (Huygens' principle) 18
　ポインティングベクトル (Poynting vector) 38, 135
　望遠鏡 (telescope) 60
　方解石 (calcite) 138
　方向余弦 (direction cosine) 10
　法線速度 (wave-normal velocity) 135

ポラロイド (polaroid) 140
ホログラフィー (holography) 123
ホログラム (hologram) 125, 126

マ　マイケルソン干渉計 (Michelson interferometer) 79
　　マクスウェルの方程式 (Maxwell's equation) 3
　　マッハ–ツェンダー干渉計 (Mach-Zehnder interferometer) 81
　　マリュースの法則 (Malus's law) 141

ム　虫メガネ（拡大レンズ）(magnifying lens) 59

メ　明視の距離 (distance of most distinct vision) 58

モ　網膜 (retina) 58

ヤ　ヤングの干渉実験 (Young's interference experiment) 78

ユ　誘電体 (dielectric) 3

誘電率 (electric permittivity) 30
誘電率テンソル (dielectric tensor) 133
油浸法 (immersion method) 123

ヨ　横倍率 (lateral magnification) 49
　　1/4 波長板 (quarter-wave plate) 144

ラ　乱反射 (diffuse reflection) 17

リ　臨界角 (critical angle) 26

レ　レイリーの結像条件 (Rayleigh's imaging criterion) 19
　　レイリーの分解能 (Rayleigh's criterion) 121
　　レーザー (laser) 16, 75
　　レンズ (lens) 41

ロ　ロイドミラー (Lloyd's mirror) 84

ワ　歪曲収差 (distortion) 72
　　わん曲収差 (curvature of field) 71

著者略歴

青木 貞雄
<small>あお き　さだ　お</small>

1974年　東京大学大学院理学系研究科博士課程修了
現　在　筑波大学名誉教授
　　　　理学博士

光 学 入 門	著　者　青木　貞雄　Ⓒ 2002
	発行者　南條　光章
	発行所　共立出版株式会社
2002 年 12 月 1 日　初版 1 刷発行	東京都文京区小日向 4-6-19
2023 年 9 月 15 日　初版 11 刷発行	電話　東京(03)3947-2511番（代表）
	郵便番号 112-0006
	振替口座 00110-2-57035番
	URL www.kyoritsu-pub.co.jp
	印　刷　啓文堂
	製　本　協栄製本
検印廃止	一般社団法人
NDC 425.4	自然科学書協会　会員
ISBN 978-4-320-03419-8	Printed in Japan

■物理学関連書　　　　　　　　　　　　　　　www.kyoritsu-pub.co.jp　共立出版

カラー図解 物理学事典	杉原 亮他訳
ケンブリッジ 物理公式ハンドブック	堤 正義訳
現代物理学が描く宇宙論	真貝寿明著
基礎と演習 大学生の物理入門	高橋正雄著
大学新入生のための物理入門 第2版	廣岡秀明著
楽しみながら学ぶ物理入門	山崎耕造著
これならわかる物理学	大塚徳勝著
薬学生のための物理入門 薬学準備教育ガイドライン準拠	廣岡秀明著
詳解 物理学演習 上・下	後藤憲一他共編
物理学基礎実験 第2版新訂	宇田川眞行他編
独習独解 物理で使う数学 完全版	井川俊彦訳
物理数学講義 複素関数とその応用	近藤慶一著
物理数学 量子力学のためのフーリエ解析・特殊関数	柴田尚和他著
理工系のための関数論	上江洌達也他著
工学系学生のための数学物理学演習 増補版	橋爪秀利著
詳解 物理応用数学演習	後藤憲一他共編
演習形式で学ぶ特殊関数・積分変換入門	蓬田 清著
解析力学講義 古典力学を越えて	近藤慶一著
力学 (物理の第一歩)	下村 裕著
大学新入生のための力学	西浦宏幸他著
ファンダメンタル物理学 力学	笠松健一他著
演習で理解する基礎物理学 力学	御法川幸雄他著
工科系の物理学基礎 質点・剛体・連続体の力学	佐々木一夫他著
基礎から学べる工系の力学	廣岡秀明著
基礎と演習 理工系の力学	高橋正雄著
講義と演習 理工系基礎力学	高橋正雄著
詳解 力学演習	後藤憲一他共編
力学 講義ノート	岡田静雄著
振動・波動 講義ノート	岡田静雄他著
電磁気学 講義ノート	高木 淳他著
大学生のための電磁気学演習	沼居貴陽著
プログレッシブ電磁気学 マクスウェル方程式からの展開	水田智史著
ファンダメンタル物理学 電磁気・熱・波動 第2版	新居毅人他著
演習で理解する基礎物理学 電磁気学	御法川幸雄他著
基礎と演習 理工系の電磁気学	高橋正雄著
楽しみながら学ぶ電磁気学入門	山崎耕造著
入門 工系の電磁気学	西浦宏幸他著
詳解 電磁気学演習	後藤憲一他共編
明解 熱力学	糸井千岳他著
熱力学入門 (物理学入門S)	佐々真一著
英語と日本語で学ぶ熱力学	R.Micheletto他著
現代の熱力学	白井光ізе著
生体分子の統計力学入門 タンパク質の動きを理解するために	藤崎弘士他訳
新装版 統計力学	久保亮五著
複雑系フォトニクス レーザカオスの同期と光情報通信への応用	内田淳史著
光学入門 (物理学入門S)	青木貞雄著
復刊 レンズ設計法	松居吉哉著
教養としての量子物理学	占部伸二訳
量子の不可解な偶然 非局所性の本質と量子情報科学への応用	木村 元訳
量子コンピュータによる機械学習	大関真之監訳
量子力学講義 I・II	近藤慶一著
解きながら学ぶ量子力学	武藤哲也著
大学生のための量子力学演習	沼居貴陽著
量子力学基礎	松居哲生著
量子力学の基礎	北野正雄著
復刊 量子統計力学	伏見康治編
詳解 理論応用量子力学演習	後藤憲一他共編
復刊 相対論 第2版	平川浩正著
Q&A放射線物理 改訂2版	大塚徳勝他著
量子散乱理論への招待 フェムトの世界を見る物理	緒方一介著
大学生の固体物理入門	小泉義晴監修
固体物性の基礎	沼居貴陽著
材料物性の基礎	沼居貴陽著
やさしい電子回折と初等結晶学 改訂新版	田中通義他著
物質からの回折と結像 透過電子顕微鏡法の基礎	今野豊彦著
物質の対称性と群論	今野豊彦著
社会物理学 モデルでひもとく社会の構造とダイナミクス	小田垣 孝著
超音波工学	荻 博次著